Making the Right Moves

A Practical Guide to Scientific Management for Postdocs and New Faculty

走好每一步

——青年科学家职业生涯实用指南

〔美〕 巴勒斯·韦尔卡姆基金会
霍华德·休斯医学研究所 编

闻朝君 张 蕾 译
陈 竺 主审

科学出版社
北 京

图字:01-2009-4194

内 容 简 介

科学事业生涯处于起步阶段的青年生物医学科学家可能面临诸多挑战,需要同时做好研究、教学、管理以及临床工作等多方面的工作。本书针对这些挑战,根据美国众多知名大学教授的亲身经验,在应聘求职、时间管理、实验室管理、申请基金、发表论文等多方面给青年科学家提出了实用的建议和方法,指导他们如何走好自己科学生涯的每一步,从而获得事业的成功。

本书是生物医学领域青年科学家职业生涯的实用指南,适合科研院所及高校相关专业的教学科研人员、研究生以及本科生参考阅读。

图书在版编目(CIP)数据

走好每一步:青年科学家职业生涯实用指南/(美)巴勒斯·韦尔卡姆基金会,霍华德·休斯医学研究所编;闻朝君,张蕾译.—北京:科学出版社,2009

ISBN 978-7-03-025017-9

Ⅰ.走… Ⅱ.①巴…②霍…③闻…④张… Ⅲ.青年:科学家-职业选择-指南 Ⅳ.G316-62 C913.2-62

中国版本图书馆 CIP 数据核字(2009)第 119820 号

责任编辑:莫结胜 李 锋/责任校对:刘小梅
责任印制:赵 博/封面设计:耕者设计工作室

科学出版社 出版
北京东黄城根北街 16 号
邮政编码:100717
http://www.sciencep.com
三河市春园印刷有限公司印刷
科学出版社发行 各地新华书店经销
*
2009 年 7 月第 一 版 开本:787×1092 1/16
2025 年 1 月第二次印刷 印张:14 1/4
字数:335 000

定价:60.00 元

序

生物医学领域的青年科学家们在科学事业生涯伊始就可能会遭遇一系列挑战，需要同时承担研究、教学、管理和临床等多方面职责，还要争取获得基金资助、撰写和发表论文、招聘员工和保持其实验室的顺利运行，而这一切均尚未受到过系统、正规的管理培训。许多青年科学家反映，如果他们在建立自己的实验室之前能够受到职业规划指导的话，那他们也许可以避免许多代价昂贵的错误并取得更好的进展。针对这一实际需求，美国巴勒斯·韦尔卡姆基金会和霍华德·休斯医学研究所（HHMI）进行合作，于2002年和2005年在马里兰州切维蔡斯市的HHMI总部举办了有关实验室领导和管理的课程。科学管理课程产生了异常热烈的反响。根据课程参加者的要求，通过课后的访谈和调查反馈，结合美国众多知名大学教授的亲身宝贵经验，巴勒斯·韦尔卡姆基金会和HHMI在课程的基础上又编写出版了 *Making the Right Moves: A Practical Guide to Scientific Management for Postdocs and New Faculty* 一书，旨在给青年科学家提出实用的建议和方法，指导他们如何走好自己科学生涯的每一步，从而获得事业的成功。因此此书是生物医学领域青年科学家职业生涯的实用指南，可以对青年科学家的职业规划提供较大帮助。

此书中文版《走好每一步——青年科学家职业生涯实用指南》的出版可以使中国的青年生物医学科学家们更好地对之加以阅读和学习。虽然此书的一些内容是在美国科研院所和科研资助机构等特定背景下而言的，但对中国的年轻学者们仍不失指点迷津的功效。

希望此书的出版发行能帮助中国年轻的生物医学科学家们在科学探索的道路上少走点弯路，多出点成果，让他们在科研生涯中更快地成长起来，成为我国生物医学未来的生力军。

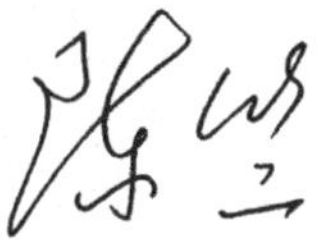

2009年6月25日于北京

前　言

巴勒斯·韦尔卡姆基金会（Burroughs Wellcome Fund，BWF）和霍华德·休斯医学研究所（Howard Hughes Medical Institute，HHMI）有相似的使命——通过资助科学研究和教育来推动医学科学的发展。为进一步促进这些目标的实现，这两个机构进行专门的合作，于2002年7月在马里兰州切维蔡斯市（Chevy Chase）的HHMI总部举办了有关实验室领导和管理的课程。

多年来，众多有才华的青年生物医学研究者得到BWF和HHMI的研究培训或职业发展资助，而开设课程的想法正是成形于这两个机构的工作人员从上述研究者们那里征求来的反馈。这些新上任的课题组长描述了他们面对的挑战：他们要完成研究、教学、管理和临床职责，同时还要获得基金资助、发表文章、招聘员工和保持其实验室的顺利运行，而这一切都没有受到过正规的管理培训。他们的意见带来启示，如果这些受资助者在建立自己的实验室之前就已经学会既要做好研究者还要做好管理者，那他们也许可以避免许多代价昂贵的错误并取得更好的进展。

科学管理课程以培养上述能力为目标，反响异常热烈。通过课后的回访座谈会和调查，课程参加者提出，在课程的基础上编写一本手册，对他们和没有机会参加课程的同事们都是很有价值的参考书。这就有了2004年第一版的名为《走好每一步——青年科学家职业生涯实用指南》的手册。与课程一样，这本书也获得了成功。自出版以来，已有15 000册书籍被分发给各个科学家和专业学会。更多的人从网址 http://www.hhmi.org/labmanagement 下载了这本书[①]。2005年6月，BWF和HHMI再次组织开设了这门课程，增加了新的章节，并对手册进行相应修改来体现新的教材内容。手册第二版新增了一章“教学与课程设计”，对“科学领导实验室”和“项目管理”这两章进行了大幅修改。所有其他章节都按2005年课程中新增的信息进行了相应修改和更新。

作为这本书的姊妹书，BWF和HHMI还编写了一部指南，指导如何组织实验室领导和管理方面的培训项目。这部指南旨在鼓励大学、专业学会、博士后协会及其他机构为其成员开设这类课程。BWF和HHMI认为所有的研究人员在事业初期都应得到科学管理方面的培训。

正如其第一版，《走好每一步——青年科学家职业生涯实用指南》第二版的读者对象是刚起步的以实验室研究为基础的生物医学研究者——准备在学术研究领域求职的资深博士后以及研究型大学或医学院的新教员。然而手册中大部分材料对准备从事非学术职业的研究者也同样有所帮助。本手册可从网上以PDF文件下载，印刷版可从HHMI索取。如因教育需要，学术组织和机构可自由传发

① 此处指本书的英文原版 *Making the Right Moves* 一书。

本手册或其部分章节。

本手册的目的是：提醒刚起步的研究者注意到他们新职位（或即将获得的职位）中领导和管理工作的重要性，并为他们提供实用信息，从而帮助他们成功地计划和管理研究项目。不仅这些研究者能够从中受益，而且整个科学事业也将从中受益。

Enriqueta C. Bond 博士
巴勒斯·韦尔卡姆基金会主席
Thomas R. Cech 博士
霍华德·休斯医学研究所所长
Peter J. Bruns 博士
霍华德·休斯医学研究所基金和专项部副主任

致 谢

这本手册及其主要依据的课程的诞生得益于很多人。来自 HHMI 的 Mayrose Franko 和原在 BWF 工作的 Martin Ionescu-Pioggia 大力推广开设课程和编写手册这两个项目，指导其发展，使它们得以圆满完成。从事科学写作和课程协调的 Laura Bonetta 和 HHMI 的 Patricia Davenport 在手册内容的确定和编辑过程的管理方面发挥了关键的作用。Jim Austin（美国科学促进会，AAAS）、Victoria McGovern（BWF）、Rolly L. Simpson（BWF）和 Andrea L. Stith（HHMI）、Nancy Sung（BWF）、Ahn-Chi Le（HHMI）和 Barbara Ziff（HHMI）组织了课程的各教学部分，并审阅了手册中的相关章节。

多位科学家阅读了本手册的不同部分，给予了启发性的评论。他们是 Ann J. Brown（杜克大学医学院）、Ronald B. Corley（波士顿大学医学院）、Milton W. Datta（爱默里大学医学院）、Mark A. Hermodson（普渡大学）、Joan M. Lakoski（匹兹堡大学医学院）、Tom Misteli（国立健康研究院）、Klaus R. L. Nusslein（马萨诸塞大学艾姆赫斯特校区）、Rudy Pozzati（国立健康研究院）和 Laurie Tompkins（国立健康研究院）。还要感谢 HHMI 的 William R. Galey、Heidi E. Henning、Philip Perlman 和 Carl Rhodes 对各章的仔细审阅。

我们对 2002 年和 2005 年课程的授课者们表示感谢，他们编写了课堂授课的教材，从而构成本书的主要素材，他们还审阅了相应章节的内容。他们是 David J. Adams（杜克大学医学中心）、Curtis R. Altmann（佛罗里达州立大学医学院）、Kathy Barker（本书作者）、Martin J. Blaser（纽约大学医学院）、R. Alta Charo（威斯康星大学法律学院）、Martha J. Connolly（马里兰技术企业学院）、David Cortez（范德堡大学）、Milton W. Datta（爱默里大学医学院）、Anthony Demsey（国立健康研究院）、Joseph deRisi（加利福尼亚大学旧金山校区）、Angela Eggleston（《自然》杂志美国办事处）、Claire E. Fraser（基因组研究所）、Chris M. Golde（卡内基教育促进基金会）、William E. Goldman（华盛顿大学）、Todd R. Golub（达娜-法伯癌症研究所）、Bettie J. Graham（国立健康研究院）、R. Kevin Grigsby（宾夕法尼亚州立大学医学院）、Stephen L. Hajduk（海洋生物学实验室）、Jo Handelsman（威斯康星大学麦迪逊校区）、Christine Harris（独立咨询顾问）、Manju M. Hingorani（卫斯理大学）、Hopi Hoekstra（加利福尼亚大学圣迭哥校区）、Howard Kanare（构建技术实验室）、Elizabeth Keath（圣路易大学）、Neil L. Kelleher（伊利诺伊大学香槟校区）、Joan C. King（塔夫斯大学医学院）、Jessica C. Kissinger（佐治亚大学）、Meta Kuehn（杜克大学医学中心）、Joan M. Lakoski（匹兹堡大学医学院）、Jennifer Lodge（圣路易大学医学院）、Anna M. McCormick（国立健康研究院）、Michael E. McClure（国立健康研究院）、Francis J. Meyer（帕伯斯公司）、Robert Milner（宾夕法尼亚州立大学医学院）、Christopher Moulding（HHMI前职员）、Edward O’ Neil（加利福尼亚大学旧金山校区）、Judith Plesset（国家科学基金会）、Suzanne Pfeffer（斯坦福大学医学院）、Stanley E. Portny（斯坦利公司）、Pradipsinh K. Rathod（华盛顿大学）、Matthew Redinbo（北卡罗来大学教堂山校区）、Richard M. Reis（斯坦福大学）、David S. Roos（宾夕法尼亚大学）、Sandra L. Schmid（斯克利普斯研究院）、Christine E. Seidman（哈佛医学院）、Dorothy E. Shippen（得克萨斯农工大学）、Jonathan W. Simons（爱默里大学医学院）、Brent R. Stockwell（哥伦比亚大学）、Rick Tarleton（佐治亚大学）、Emily Toth（路易斯安那州立大学）、Gina Turrigiano（布兰迪斯大学）、Joseph M. Vinetz（得克萨斯大学医学院加尔维斯敦校区）、Tony G. Waldrop（北卡罗来大学教堂山校区）、Johannes Walter（哈佛医学院）、Matthew L. Warman（华盛顿天主教大学医学院）、Christopher Wylie（辛辛那提儿童医院研究基金会）和 E. Lynn Zechiedrich（贝勒医学院）。

另外，针对实验室领导的一章还采访了一些科学家：Gail H. Cassel（礼来公司）、Thomas Cech（HHMI）、Tamara L. Doering（华盛顿大学医学院）、B. Brett Finlay（大不列颠哥伦比亚大学）和 Charles E. Murry（华盛顿大学医学院）。我们还要感谢 Krystyna R. Isaacs 对课程和第一版的《走好每一步——青年科学家职业生涯实用指南》进行了评估。

作家 Joan Guberman、Judith Saks、Barbara Shapiro 和 Marion Torchia 整合了课堂教学内容，并为草拟手册各章进行了额外的研究。HHMI 前任图书馆员 Cathy Harbert 为作家和课程组织者提供了建议和额外的资料。HHMI 的 Trackman 院长运作了整个制作过程。Cay Butler、Linda Harteker 和 Kathleen Savory 在编辑方面提供了额外帮助；Mary E. Coe 制作了手册的索引。Adam Newton、Catherine Newton 和 Tom Wood（诺·西纳数码公司）进行了手册的设计。

目　录

导 论

你现在是一位训练有素的生物医学研究者了。你已经获得了哲学或医学博士学位，或者二者兼有。你还做了几年博士后，在你的专业领域里进行实践训练。你已经具备了从事职业学术研究所需的资格。但是，当你建立了自己的实验室并制订了自己的研究计划，你会日益意识到，研究技能仅仅是你通往成功之路所必需的一部分，尽管它是关键的一部分。

在从新教员向终身职位奋斗的头几年里，在做好研究工作之外，你将被要求同时应对好若干新职责，包括教学、管理工作，也许还有临床工作。与此同时，你还需要招聘人员并建设实验室，拟订连贯的研究计划，争取基金资助，并在顶尖杂志上发表论文。同一时间，限时晋升终身职位的“时钟”嘀嗒运转，使得你置身于要出成果的巨大压力之下。要满足所有的要求，你需要特别的技能——多种不同技能汇合在一起，可以粗略归纳为“科学管理”技能。你读研究生时或在医学院或在博士后研究阶段都不太可能得到任何对这类技能的专门指导。如同大多数刚起步的研究者那样，你大概只能通过尝试和失误，或对你老师的观察，或与你的顾问、指导者和一同工作的学生谈话交流这样一些途径学到一点有关的知识。

> 为什么我们需要实验室管理那样的课程？今天的生物医学研究是一种跨越多重生物学层面的复杂事业，需要各种仪器和工作人员，并要求用有限的经费获得成功。你们中的每一位都真是企业家，运作自己新开张的小企业。
>
> ——Enrigueta Bond，BWF

这本手册为填补这种教育空白提供了纲要性材料。本书第一版于 2004 年出版，内容根据 2002 年 7 月在霍华德·休斯医学研究所（Howard Hughes Medical Institute，HHMI）总部举办的“学术研究新人科学管理课程”编写。该课程由巴勒斯·韦尔卡姆基金会（Burroughs Wellcome Fund，BWF）和 HHMI 发展和资助，为经挑选的部分 BWF 和 HHMI 资助获得者开设。本修订版加入了 2005 年 6 月在 HHMI 举办的第二期 BWF-HHMI 课程的新内容。手册各章源于授课材料、小组讨论、授课人分发的材料、答疑环节、听课人员的反馈，以及课后对授课人员和其他科学家的访谈。另外，每章都增加了更多的信息，特别是有关医师-科学家方面的内容。此外还从许多列在各章结尾的资源参考资料中收集了一些内容。每一章都经过授课人、课程建设人员及其他 BWF 和 HHMI 工作人员的审阅。

尽管《走好每一步——青年科学家职业生涯实用指南》这本书用于指导以实验室研究为基础的学术研究人员，但其大部分材料对于刚到政府和企业实验室工作的研究人员也是有用的。第 1 章“获得教员职位及进行相关谈判”提供了寻找教员职位和就有关条件进行谈判的技巧，概述了教员职位的责任要点。第 2 章“了解大学结构并制订获得终身职位的计划”，描绘了研究型大学和学术健康中心典型的决策等级体制，讨论了你在实验室之外的工作责任，介绍了一些你可能与之打交道的学术办公室以及可以争取的科研资源，并概括了获得终身职位的要求。

书中有两章介绍处理人际关系的技巧。“科学领导实验室”总结了实验室领导在引导、激励和管理实验室成员方面的作用。“指导与被指导”探讨了做作指导者意味着什么，特别阐述了指导者在协助新的研究人员学习和培训方面应该采取的策略。该章纳入了一些方法帮助你有效进行指导、给予建议及如何获得你所需的指导。

“为你的实验室招募人员”一章提供了组建你的研究队伍需要重视的几个关键点，这支队伍将为你实验室的成功做出贡献。该章还讨论了在不得已的情况下如何解雇实验室人员。有几章提供了时间管理、项目管理和数据管理方面的信息。“获得基金资助”和“发表论文并提高知名度”两章讨论了在生物医学研究这一充满竞争的环境中如何处理这些具有挑战性的任务。当研究项目时常涉及不同系和不同大学的科学家，或研究发现时常要与企业和政府共享时，“建立合作”和“理解技术转让”这两章就特别有用。

“教学与课程设计”是本版手册新增的一章，指导你如何设计课程，如何授课才能吸引学生，以及如何避免让教学任务占用你太多的时间。

由于时间和空间的限制，一些话题如实验室安全、科学写作、公众演讲、公众传播科学和科学政策等未能纳入到 BWF-HHMI 课程或本手册内。这些信息通常在大多数大学都有专门讲授，或者可以从其他渠道获得（例如 HHMI 出版了若干种关于实验室安全的录像，可从 HHMI 的网站 http://www.hhmi.org/catalog 上免费下载）。

本书无意成为一本包罗万象的参考书，而是突出科学研究管理的要点，这些内容通常在其他出版物中是找不到的。本书也不是指令式的，而是将成功的科学家和专家的观点、经验和技巧加以汇集。本书的补充出版物《训练科学家如何走好每一步——开发科学管理培训项目实用指南》（*Training Scientists to Make the Right Moves*：*A Practical Guide to Devoloping Programs in Scientific Management*）为正在建设自己的科学管理课程的机构提供资料信息。

我们鼓励您从博士后或专业学会、网站以及本书各章中提及的书籍和文章中收集资料，以便对本书中的信息进行补充。我们还鼓励您与同事、导师和顾问讨论本书中的各种观点，建议他们在自己的机构开设类似的科学管理课程。

第 1 章　获得教员职位及进行相关谈判

当你完成博士后培训后，也许就开始思考自己研究生涯的下一步该怎么走。你们中的一些人可能会成为企业或政府实验室里的研究人员。另一些人则可能会在大学或者医学中心谋求一个教员职位。如果选择后者，你就需要判定究竟是一个终身职位，还是一个非终身的职位更加符合你的目标和志向。虽然选择所有这些事业都各有回报，但本章着重讨论终身职位晋级制的教员职位。

你一开始着手找工作，就会面临一系列挑战性问题：

- 我要从我的工作中获得什么？
- 我怎样找到一份工作？
- 我怎么确保我的成就和能力被认可？
- 我如何在不同单位提供给我的录用条件中进行选择？
- 我怎么确保自己开创事业所需要的资源都能纳入给我的工作待遇中？

对这些问题没有普遍正确的答案，但在寻找和争取合适的学术职位及获得终身职位方面，确有一些策略行之有效。本章就讨论其中的一些策略。

寻找工作

一旦你决定开始找工作，就要集中精力。如果理想的话，这样做的结果是在大约同一个时间获得多个录用通知。只有全力以赴地找工作，花大量时间和精力收集证书和推荐信才更加值得。要记住，大多数学术职位在秋季登招聘广告，而工作预计从下一年的夏季或者秋季开始。

知道你想要什么

如果你牢牢记住自己的需要和需求，那么你找到合适职位的机会就更大。比如，考虑下面的问题：

- 考虑到你的才能和志向，你是要进一个顶级的研究机构，还是接受甚至倾向于一个不太紧张的环境？

- 你想要专门搞研究呢，还是偏向于研究与教学或临床实践相结合？
- 你希望或者需要在国内的某个特定地区工作吗？你偏向在都市、乡村还是市郊？
- 你个人的责任或配偶（伴侣）的专业需要会对你找工作产生限制吗？
- 如果你是医师-科学家，您希望为病人看病吗？你希望研究和临床实践各占用多少时间？

了解信息

利用所有可利用的正式和非正式的信息资源。正式的信息资源包括下列内容：

- 送到你系里的职位招聘通告。
- 登在主要的科学期刊，例如 *Cell*、*Science* 和 *Nature* 中的职位招聘通告（包括印刷品和网络版）及你专业领域内的出版物中的职位通告。

> **一些与科研人员职业相关的网站**
>
> *Science* 期刊的 *ScienceCareers. org* 网站有针对博士后和初级教员“职业发展”的资源。
>
> (http://sciencecareers.sciencemag.org)
>
> 《高等教育编年史》（*The Chronicle of Higher Education*）的网上简讯“职业网络”提供职业方面的消息和建议，并每天发布新的科学教学和研究方面的招聘职位。
>
> (http://chronicle.com/jobs)
>
> 华盛顿大学的“重新展望 Ph. D.”网站（*Re-envisioning the Ph. D.*）为博士生、博士后和研究人员提供找工作方面的网上信息。

- 学术机构的网站。
- 专业协会发布的职位招聘告示。
- 博士后人员的邮件列表服务器。

非正式资源可能更有价值——例如，你博士后研究的导师、和你有关的特别是那些曾经与你合作过的其他科学家，还有你的同侪。所以，告诉他们你正在找工作吧。

收缩你的搜索范围

将每个工作机会与你的列出的优先事项清单进行对比，关注如下方面：

- 研究单位的使命、价值观、政治和社会风气以及水平（比如在国家或地区内的排名）。

- 系的使命、研究活动、课程和学院氛围。
- 职位的一些条件和前景，包括它是否是终身职位晋级制的。
- 教员在休产假和延长由助理教授向副教授以上终身职位晋级的时限方面的政策规定。

没法简单地告诉你需要申请多少个职位。要记住，找工作不是浪费时间，其间不乏有价值的副产品。比如，你将有机会陈述你的工作。在此过程中，你的观点更加明确，研究本身也有所受益。你将练习在你整个学术生涯中都用得着的技能。在找工作过程中，你自身也得到提高。你更加自信，而且随着你介入各种不同的科研环境，你越来越清楚自己需要的是什么。

然而，不要去申请你明显不够资格的或者你确实没有兴趣的职位。你不要去浪费别人的时间，而且可能损害你自己的信誉。

什么是终身职位晋级制？

新任教员不会立即获得终身职位。不过，职位会标明是否可以晋级为终身职位，或者说是否是“终身职位晋级制”的。终身职位晋级制的职位走向是获聘终身职位。在大多数研究单位，终身职位几乎是提供终身的工作保障，因为除了某些有限的原因，如有重大的行为过失或玩忽职守，已获终身职位的教授是不能被解雇的。对许多基础科学的系来说，终身职位意味着即便不再有任何经费资助也可以获得全额工资。在临床领域，因为许多临床医生有来自大学之外的第二份工资资助，因此终身职位未必获得全额工资。记住，从单位的角度来讲，终身职位是对你的经济保障。如果你获得的是一个非终身职位晋级制的职位，不一定反映这个单位对你价值的评估，而反映对这个职位的评估，看它是不是值得他们承诺资助的职位，即使你申请不到研究经费。

通常，受聘终身职位晋级制职位的教员大约工作五年后，被正式决定是否授予终身职位。如果不能获得终身职位，通常会被要求离开，以便其他人进来填补该职位。

非终身职位晋级制的职位通常的特点是较低的工资和繁重的教学任务。但好处是，它们给人更多的地理位置方面的选择（因为这些职位竞争相对较小）和更灵活的职业选择，因此还是有人选择这些职位。（另可参考第 2 章“了解大学结构并制订获得终身职位的计划”。）

申请职位

一旦你找到一个或几个想申请的职位，你希望你的申请能够脱颖而出，从而使你得到面试的机会。以下提供一些指导。

留下良好的第一印象

你的申请书有可能是已经过度操劳的遴选委员会必须筛选的几百份申请书中的一份。你应该遵循申请指南，确保你的申请书简要明了，没有事实、语法及拼写上的错误。你不希望你的申请没给人留下好印象而一开始就被淘汰。

准时递交你的申请书。然而，如果你在申请截止日期之后才知道这个职位，仍要递交你的申请；许多系愿意考虑迟来的申请。

> 一份精心准备的申请书不一定给你带来工作，但一份疏于准备的申请书会造成很坏的印象，无论你已经发表过多少篇论文。
>
> ——Johannes Walter，哈佛医学院

工作申请书的组成内容

求职信　这封极其重要的信，篇幅应当限制在一页内，需要非常小心地去写。这封信应让遴选委员会迅速了解你与职位相关的背景和兴趣方面的情况。你的信中要包括如下事项：

- 简短的自我介绍。
- 陈述你申请的是什么职位。
- 陈述你的研究成就，指明为什么你的工作有新意且有意思。
- 简短描述你的研究计划，指出研究计划的重要性或创新点。
- 简短描述你的教学（或临床）经验，如果这个职位注重这些活动的话。
- 你认为委员会应当事先知道的任何特殊情况。

最后一条的必要性可能很难判断。很难知道在你透露这类信息是否会导致你被淘汰出候选人的行列，甚至面试的机会都得不到，而如果你要接受聘用，你又必须讨论这些问题。这种情况的经典例子是，你的配偶也是一个正在寻找教员职位的科研人员。如果你决定不在求职信中提出这样的情况，那么就要在面试过程中尽早地告诉遴选委员会你的特殊需要。

你也可以注明你的推荐人（在你的履历中注明）并描述他们对你的了解程度。

履历（CV）　这份职业总结应当包括：

- 你的姓名和地址。
- 所有高等教育经历，包括所得到的学位和授予日期。
- 所有就任过的专业职位，包括起止日期并简短描述所从事过的工作。
- 奖励和荣誉，包括博士前和博士后奖学金。
- 你自己独立申请得到的主要资助来源。
- 发表论文。

- 教学经验、奖励和兴趣。
- 推荐人，包括姓名、职称、地址和其联系信息。
- 特邀主题发言和报告。
- 医师-科学家所需的国家执业资格证书和资质。

配偶双聘

“配偶双聘”一整套待遇包括为应聘者的配偶或伴侣找工作，而这是很费事的。你应当在面试初期——当然是在接受一个职位之前——就把这个条款摆上桌面。你要了解大学和你未来的系是否正面考虑配偶双聘这件事，还是把它视作麻烦。

在你发表的论文清单中用粗体字突出你的姓名。如果在一篇论文中你被列为同等贡献作者，在你的姓名和所有其他贡献相当的作者后面加注星号，并在紧接着的相关文献下面注明“*同等贡献作者”。**不要重新排列已经发表的作者次序以示你是共同第一作者**。另外列出正在准备中的论文稿件。指出与你论文随发的新闻和观点文章（*News & Views*）或其他对你论文的评论。不要列入在学术会议中展示的墙报。

研究建议书　这是你的申请书的核心。它将向遴选委员会描述你的研究计划和方案，而这个委员会由来自你专业之外的若干学科领域的人员组成。

许多成功的申请人写两份（或者三份）研究建议书，第一份与其目前的博士后工作密切相关。第二份和第三份显示申请人有超越他或她当前工作的思考能力。后面的建议书显然更有创造性，也更具一点冒险性。在你的建议书中要包含下列要点：

- 陈述你打算从事的课题，指出你将要探索的悬而未决的关键问题。阐明该研究将会对你的总体领域产生怎样的贡献。
- 描述你的研究计划。这一部分应占整个建议书的50%到70%。提出三四个能解决你学科内一系列基本问题的具体目标。证明你具有完成你的计划所需要的基础和背景。要既有创造性，又切合实际。
- 少量图片（也许每份建议书一张）。它们有助于你的建议书更能引起遴选委员会的兴趣。要知道，遴选委员会需要埋头于几百份来自其他申请人的建议书。记住，图片插在正文中才最有用，而不是附在文末。
- 详细描述你的博士后研究，强调创新点和要点及它怎样成为你研究计划的基础。你博士之前的研究生阶段的工作只有对你当前的研究兴趣非常重要时才去讲。对遴选委员会讲明你现在的研究课题不会和你的博士后导师形成直接竞争。
- 一张参考文献表，包括你发表的论文，投出的文稿或出版中的文章，及他人发表的相关论文。

论文单行本　每次申请都要遵循要求。呈递尚未发表的重要研究论文，否则遴选委员会无从看到它们。

教学经历的陈述 如果这个职位包含教学职责，加入单独的一节，用来描述你对教学的兴趣以及你的教学方法和经验。

推荐信 根据申请要求，推荐信可以包含在申请材料中，或者以后再递交给遴选委员会。典型的做法是，由你做研究生时的导师和博士后指导者写这些信。递交的推荐信数量比申请所要求的多一两封是完全能被接受的。当你和你的导师之外的人联系，想请他们写推荐信时，要利用交谈的机会来了解他们如何评价你的工作。如果感到对方犹豫，或者暗示没时间写推荐信，或者对你的了解程度不足以写这封信，就另找他人。你应当请真正了解你及你的工作的人，而不只是有重要头衔的人。

> **问**：假使我和我的导师相处得不好，该怎么办？
>
> **答**：如果你和导师没有良好的关系，不能请他写推荐信，必须在你的求职信中确切地解释这是**为什么**。对这一情况要十分坦诚。没有你导师的推荐信是一个危险信号，遴选委员会不会忽视这一点。遴选委员会甚至还会与你的导师联系。在这种情况下，来自同一个单位的另外一名教授的推荐信可能就十分关键。

给那些为你写推荐信的人充裕的准备时间。把你的全套申请材料给他们。如果他们提出的话，帮他们准备一份推荐信的草稿；指出你的强项，他们对此可能不十分了解。但是，必须要小心——不要看起来是要把你的信强加给他们。提供他们贴了邮票和写了地址的信封。告诉他们需在何时把每封信寄给你可能的各个雇主，然后提醒他们直到他们寄出推荐信。检查核实是否每封信都被收到。

职位面试

对教员职位的正式面试，通常的形式是前往校园访问，需要一天时间或者过夜。一般情况下，邀请你去面试的单位支付你的旅行和膳宿费用。你会被安排会见若干个教员及其他可向遴选委员会反馈你情况的人员；你需要做一个关于你的研究工作的报告以介绍你的研究工作。下面是你要做的任务：

- 使这个系确信你的工作是令人激动的，你将成为你领域的一名领导者。
- 使这个系的每一个成员确信你将是很好的同事。
- 了解这个单位和系对你是否合适。

做好准备应付这个要求颇高又耗费精力的过程。在访问的所有阶段，从在机场被接一直到被送上归程，你必须不停地表现自己。

事前准备

为了充分准备，在访问之前你要做好下面的事情：

- 安排好你旅行的后勤工作，包括订票、预定旅馆、安排接机和面试当天活动时间表。你一定要稳妥地估计旅行时间。不要因为赶不上转乘的交通工具而迟到，为自己增添不必要的压力。
- 了解你可能要会见的人的学术兴趣。读读他们的论文，或至少浏览一些摘要。准备好询问他们的研究工作。你可以从系的网站上找到有关的信息。
- 尽可能多地了解这个机构和周边地区。对这个城市或市镇有所了解将给你提供些闲谈的话题。
- 医师-科学家也许会和医疗企业代表会面，应该准备好谈一谈临床工作中涉及“钱”的相关问题，包括怎样通过临床工作来实现工资目标。还应准备询问在临床工作中可得到什么样的助理人员的协助。

着装规范

着装整洁并遵循你所了解的学界习俗。着装的正式程度适宜，以免使你和你的东道主感到不舒服。

准备你的求职演讲

在你面试访问期间，你将被要求做一个“求职演讲”——有关你目前研究工作的正式陈述。演讲一般约1小时，包括10到15分钟的提问。你以前可能做过这种演讲，你知道该怎么做。不过，这有几条原则指导你如何准备你的演讲。

首先，写出整个演讲，边写边想着你的听众。记住，演讲呈现的方式不同于科学论文。你必须让听众了解你的主要想法，他们有的几乎没有机会去研究细节，有的研究兴趣和背景与你有很大不同。你可以设想听众是由对你所选择的科学领域一无所知的聪明人所组成。为了帮助听众理解你的演讲，把它分成几个清楚而简明的部分，并且在开始时给演讲做一个总体介绍。在结束时，重述你的结论，并概述你未来的研究计划。在你演讲开始或结束时，要有一个简短的陈述感谢那些在你的研究中帮助过你的人们。

其次，把你的演讲转为幻灯片展示。多数研究者利用PowerPoint演示来发表他们的演讲。不过要记住带一个备份盘。务必事先通知你的东道主你所需要的视听设备。试着改变你的幻灯片设计，在正文与图像之间交替放映。不要总是只列出要点，但也要避免太长的句子。确保你的幻灯片是可读的，同时它们的次序与你的文字陈述相匹配（美国生物化学与分子生物学学会以及其他专业学会发布了有关准备这类演讲的指南）。

最后，在镜子前练习你的演讲。这样做能够使你控制陈述的时间，并习惯于你自己的声音。反复地演练，直到你单凭幻灯片对你的记忆帮助就可以轻松自如地演讲。如果需要，把演讲加以剪辑使你能在50分钟之内从容地把它讲完。记住，一个稍微短一点的演讲比过长的要好很多。只集中在一个方面讲述你的研究效果可能更好，这样你可以在有限的时间内讲出充分的细节。剩下来的时间可以留作提问和回答。

当你感到已能轻松自在地演讲时，争取你的导师、你的博士后同事和所有与你一起工作的研究生作听众听你试讲。鼓励他们提问并给予率直的批评。请他们提出改进你的幻灯片的建议，并且留出足够的时间根据他们的意见编辑你的幻灯片。

> 我们总是问行政助理应聘者和她打交道过程中态度如何，包括访问之前的电话通话及访问过程中的接触。这非常能说明问题。我想应聘者应该注意怎样和工作人员打交道。
>
> ——Ann Brown，杜克大学医学院

发表演讲

有经验的演讲者采取各种技巧来控制紧张情绪。其中有这样一些技巧：

- 尽早到达会场以便安置设备和对房间进行适应。你可以请东道主安排你早点到会场以便有足够的时间进行准备。
- 把你的双脚坚定地踩在地板上。感觉平衡对你的自信心是很重要的。
- 知道你的手要做些什么。一个计算机的鼠标和一支激光笔就足以使你远离忐忑不安——但是要注意，不要把它们拿在手里随意摆弄。
- 演讲开始前的几分钟往往是最让你感到局促紧张的时候。把思想集中在你的呼吸上——有意地吸气、呼气，来控制加快的心跳。
- 问候你的听众，告诉他们你很高兴和他们在一起。目光与那几个看起来渴望听你演讲的听众接触。然后就投入你的演讲吧。
- 如果有些人打盹或者看来不感兴趣也不要担心，还是像你练习的那样继续你的演讲。目光与专心听讲的人接触。
- 表现出你对自己的工作很兴奋。
- 尽管你也许已经完成了所讲的全部工作，在你的演讲过程中语气谦虚还是非常重要的。用“我将要报告的工作是我在‘某某’大学的‘某某’实验室进行的”这样的表述来开始你的演讲。接着，在讲述每一张幻灯片时用“我们”这个代词。
- 要避免讨论环节时冷场，一个好的技巧就是在你演讲的时候先给听众埋一个伏笔，鼓励他们以后提问，例如，你可以说“由于时间关系那一点我现在不能细讲，不过我很高兴在待会儿讨论时再深入交流”。

> 在任何演讲中总有一部分听众睡觉，无论演讲的话题多么激动人心。找几个正注意听讲的听众，然后对着他们做演讲。
>
> ——Johannes Walter，哈佛医学院

在演讲中回答问题可能会特别困难。这里提出几个处理的方法：

- 给听众重复一下问题，然后从容回答。如果你需要，可以要求重述问题来拖延时间。不得已时，解释一下你认为提问者想要知道什么，然后给出最好的回答，回答好就停下来。东拉西扯只会暴露出你没有把握。
- 说“我不知道”也没有太大问题，不过要承诺的确会接下去做这些工作。面试后和教授们交流是个极好的机会。
- 如果迟迟没有人提问，主动把听众注意力引向你刚才一带而过的某些工作内容，你相信这些内容能够吸引他们的关注。这让你有机会使用一些你从演讲中删除的材料。这样，你可以把问题引向一个全新的方向。在讨论期间使你的演讲幻灯片处于可以展示的状态，以便万一你需要把幻灯片倒回到特定的一张以阐明某一点。
- 如果受到质疑，倾听其批评并给予明智的回答。不要变成为自己辩解。即使这个批评看来是不公正的，也必须有礼貌地保持你的立场。你可以提议稍后再继续讨论。

边板书边报告

在面试访问中，你可能有机会做一个非正式的演讲——边板书边报告——在此过程中，就你将来的研究方向进行详细介绍。它不会像幻灯片演讲那样精美，但也应精心地准备。

简要概述你的研究计划，包括你的短期和长期目标。然后，陈述几个你想要研究的具体问题，并详细解释你计划如何着手进行。准备好在一个白板上书写并随身带来一两张初步数据的透明胶片以证明你计划的可行性。你要表现出对可能需要掌握的任何新技术的细节都了如指掌。务必让听众知道为什么这个工作是重要的，以及你将会怎样使该领域发生变化。

准备好随时被听众的问题打断。这样边写边讲正好提供了一个机会，证明你的思维敏捷，以及你是一个可以交流的同事。

会见未来可能的同事

会见其他教员　通常情况下，面试过程还将包括与系里的教职人员进行一对一的对话。重要的是要表示对他们工作感兴趣并多提问题。记住，这些教授们在寻找一名好的科学家的同时，也在寻找一名有益于他们自己工作的同事。此外，假设有些教员邀请你吃晚饭。对他们来说，这是把你作为未来同事加以考察的一个机会，而对你来说，则是判断和他们在一起工作是否会愉快的一个机会。在这些活动中你要放松自如。

> 你与教员们交谈时，重要的是要显示出对每个人的工作都很感兴趣。你不必是所谈论领域的专家。如果你对其有所了解，最好插嘴提些建议或者问题。如果你摸不着头脑，可以说："这非常有趣，不过你能给我介绍更多的背景吗？"同样重要的是，举办一个生动的讨论会，使得那些没有机会和你私下见面的人们有机会听听你的工作，看看你怎么展现自己，了解你的研究工作背景是什么。
>
> ——Thomas Cech，HHMI

会见学生、博士后、住院医生或其他学员 对于准备在任何一个系里进行研究的人来说这都是必要的。如果一个系不能提供充裕的机会（午餐时或在实验室里）让你在教员们不在场的情况下会见学生和博士后，那么你这个候选人就该注意了。

结束你的访问

通常情况下，你的访问将以与遴选委员会主席的谈话为结束。在谈话中你可能盼望知道什么时候能有结论。你一回到家，马上写一封正式的信给委员会主席，感谢每一个人对您的热情接待，并且重申你对这个职位的兴趣。如果在一对一面试时曾答应和对方分享数据，就要保证实践你的许诺。现在要耐心的等待，因为毫无疑问遴选委员会要忙于安排若干个候选人的面试。

如果在委员会录用你之前你决定接受另外一个职位，或由于其他一些原因你决定不再做候选人，务必要通知遴选委员会主席。

为职位进行谈判

遴选委员会主席或者系主任已经给了你一个初步的录用通知，或者至少让你知道你是排名最前的候选人。现在你处在最有利的位置去得到你想要的。遴选委员会已经耗费了时间和精力来选择你，其成员最不希望的一件事是做了无用功或者需要从新开始。他们已经决定录用你，如果你不来他们会失望，而且他们希望一旦录用你，你将会愉快地接受。

评估录用通知

在做决定之前，你要尽量多了解这个职位的有关信息。如果你对录用的某些方面不够满意，试着去进行谈判以得到更好的条件。你需要做下列事情：

- 知道录用的详细条款。
- 重新阅读你在开始找工作时做的优先事项清单，来判断这个职位总体上是否与其相符。

- 精确计算以你的自身价值应该挣多少薪金及其他津贴福利，并确定他们所给的是否与此相符合。例如，你是否负担得起所在社区的生活？学校提供住房津贴或者低息贷款吗？
- 详细列出你认为在你的科学事业中取得成功所需要的其他资源（确定什么是绝对需要的和什么是没有也尚可的）。在一些情况下，系里保证让你有权使用公用仪器而不是让你自己去购买它们，这也是令人满意的。
- 让单位代表知晓你的愿望，并且让他们与你进行谈判。
- 以书面形式清楚地说明每一件事。
- 对于临床部门的医生，确保录用条款中注明有哪些临床工作义务和可得到哪些支持（如是否有护士和助理来记录电话信息和续处方笺）。

遴选委员会是你获得职位任期的基本信息以及大学范围内的福利和政策等的自然渠道。索要一份大学的教员手册及其他任何有关员工政策的手册。仔细阅读这些手册，将其与美国大学教授协会（AAUP）推荐的标准进行对照，从而列出要向遴选委员会提出的问题。

> 为合适的工作进行面试和职位谈判时就要开始考虑终身职位的晋级过程，这是非常重要的。询问你正考虑的单位初级教员能晋升到终身职位的比率是多少，一般过程是怎样的，以及有哪些困难等等。记住成为助理教授是为了做副教授，所以在做出选择之前你要搞明白有怎样的前景。
>
> ——Matthew Redinbo，北卡罗来大学教堂山校区

你可能需要做一些事先的准备，以便排除那些也许不能从对直接提问的反应中透露出来的问题，或者你根本就不能向遴选委员会提出的问题。例如，知道下面的情况是有帮助的：这个系近来是否存在内部的人事冲突，大学是否有财政问题，主席是否正要退休或者很快就要辞职，主要骨干教员是否将要离开或者退休。你也想知道在这个系工作的人是否开心，是否得到很好的支持和取得成功。利用小道消息的渠道：给面试访问期间遇到的人打电话，与你可能要去的系或单位的博士后或者其他刚加入的人交谈。要小心谨慎，但是要坦率。你不希望有意想不到的事情发生。

当你接到录用意向通知书时，你可能被要求进行第二次面试。这一次你就能更加详细地询问与这个职位有关的问题。你也可以拜访人力资源办公室，与你未来系里的关键人物交谈，并且大致了解一下住房情况。第二次面试访问是开始讨论你在实验室空间、材料和装备以及职员方面的需求的极好时机。

你需要了解什么

这里有一些你需要询问的细节。

职位任命 你需要知道下列事项：

- 你的职衔及含义。
- 你的初始合同的有效期。
- 合同续签的条件。

问：如果给我的职位要求我就职于多个系，怎么办？

答：坚持要学校用书面形式说明你在哪个系晋级终身职位，晋级终身职位的绩效标准是什么，谁来做决定，各系支付你的薪金百分比，你的办公室设在哪里，你的教学责任是什么，以及谁担任你的上司。向其他有类似处境的人寻求建议。比如，一个有经验的研究人员警告谨防接受一个在两个系之间对半分的职位。

核实你确被录用为一个全职的且是终身职位晋级制的职位。例如，有几个加利福尼亚州的学校提供的职位看起来是全职的，但就州资助的职位而言，这些职位实际上是半职或者是达不到全职水平的。在这种情况下，教员们必须依靠其他经费来支付相当一部分的薪金和其他补助。你还要知道获得终身职位的有关过程(参见第 2 章“了解大学结构并制订获得终身职位的计划”)。研究型教员的职位时常具有“随意”性，比如，这个职位被淘汰或者得不到基金资助时，不能得到终身职位的保护。

薪金　你需要准确了解下列问题：

- 你的基本工资数（它将决定其他津贴的多少和将来提高的程度）。
- 你的工资是否有保证，如果有，能保证多长时间——换言之，你需要知道你的部分工资和其他补助是否最终必须来自研究经费或者其他系外或单位外的资源。
- 系里过去涨工资的情况。
- 你的工资是否按照 9 个月或者 12 个月的水准来支付（如果按照 9 个月水准支付，搞清楚支付你的薪金支票是否能够按 12 个月的比例分摊）。
- 如果以 9 个月的水准支付工资，单位是否允许你用研究经费支付自己暑期工资？在你能够得到经费资助之前单位的财政能否为你提供一两年的暑期工资？
- 你单位对于在外当顾问的政策，包括允许多少顾问业务工作量，需经什么手续批准，以及有些什么限制。

如果你有一个双重职位，重要的是要清楚哪个系会支付你大部分薪金，因为那个系将最有权力支配你的时间。举例来说，如果聘用你的第二个系想要你增加教学工作量，你就可以要求他们与你的第一个系谈判，减少你在那里的教学负担，以作为你获得更多薪金的交换。

——Milton Datta，爱默里大学医学院

知道你价值多少　你可以利用多种渠道的信息来评价你的起薪（图 1.1）。薪金的差异在很大程度上取决于学位、地理位置、单位类型（公立的还是私立的）以及学科领域。为评价给你的薪金，你需要比较录用你的单位和你的领域中其他地方的教员起薪以及生活成本。

教员职位 2004—2005 年 *	
Ph. D.（n=21）	
年薪（12 个月）平均数	92 632 美元（73 000～135 000 美元）
年薪（12 个月）中位数	89 333 美元
启动经费（薪金除外）平均数	506 392 美元
启动经费（薪金除外）中位数	675 000 美元
医师-科学家（n=11）	
年薪（12 个月）平均数	127 315 美元（93 000～155 000 美元）
年薪（12 个月）中位数	125 500 美元
启动经费（薪金除外）平均数	441 245 美元
启动经费（薪金除外）中位数	480 000 美元

* 这些数据来源于已从博士后升为终身职位晋级制的助理教授的 CABS 基金获得者。这些职位分布在美国不同地理区域的基础生物医学科学、公立和私立机构。尽管统计样本量较小，这些数据还是与自 1996 年以来受聘教员职位的 CABS 获得者提供的数据一致。

来源：Rolly L. Simpson，BWF。

图 1.1　获得巴勒斯·韦尔卡姆基金会生物医学职业基金（CABS）并在美国大学内以终身职位晋级制的助理教授职位起步的初级教员的起薪和启动经费

试利用如下资源：

- AAUP 每年发表的刊登在 *Academe* 三至四月期上的年薪调查（http://www.aaup.org）。
- 美国化学学会发表在 *Chemical and Engineering News* 杂志中的年薪详细调查，按雇用部门、地理区域和专业领域分项列明（http://pubs.acs.org）。
- 美国医学院协会发表的年薪调查提供美国医学院教授薪金的数据（http://www.aamc.org）。

其他形式的补助　了解以下细节：

- 健康保险项目、人寿保险、残疾保险和退休福利。
- 其他与家庭有关的福利，例如赞助家庭成员的学费和能够使用大学的娱乐设施。
- 是否支付搬迁费用。
- 能否得到住房补贴或者至少帮助获得住房。

"硬钱"和"软钱"

硬钱是指保证能从所就职的大学得到的资金。当被录用到一个教员职位时，你通常会得到作为薪水和启动资金的"硬钱"，以支付你就职头一两年的实验室花费。启动期结束后，你可以继续获得硬钱，至少支付你的部分薪水，大概还有你技术员的薪水。然而，你还要去争取其他基金的资助（即"软钱"）作为你的研究费用，而在某些大学，还要用这类软钱支付你的全部或部分薪水。因此，"软钱"是指你获得的项目经费中的资金——你很可能必须通过竞争去获取。

启动经费　了解在你能够争取到项目资助之前大学可以提供哪些资源支持你的研究。具体一点，要了解办公室和实验室的空间、装备、计算机和软件、技术员以及其他辅助人员、研究组长对研究生津贴的分担额、对获得项目经费的有关帮助以及对参加大小各类会议的旅费资助。

大学内的服务　询问你可被要求参加多少个委员会及参与多少其他项目。

教学职责　虽然教学有益于职业发展，但对新教员来说教学可能是最耗费时间的事了。你要得到下列方面的明确说法：

- 你的教学工作量（每学期的课程量、通常的注册人数，以及学生的水平和类型）
- 与教学有关的职责（办公时间、指导学生论文、做学生顾问）
- 如果你就职于两个不同系，或者你将成为一个或多个系的研究生教职组或跨系研究生项目的成员，这种情况下所要承担的与教学有关的职责。

如果你的职位有很重的服务责任，或者你的职位涉及两个系，就要求减少你的教学职责。

保护你的研究时间　现在该要求校方书面确保你能最大限度地将时间用于研究了。你要尽量明确你的期望，如果必要的话，要求减少你的其他义务。一旦你签署了合同就很难改变。

医师-科学家的特殊事项

谈判争取一定的有保证的研究时间

如果你是个医师-科学家，你可能必须花时间为病人看病来挣得收入。不要让这类要求吞噬你的研究时间。你应该通过谈判争取一个书面的承诺，保证有一定比例的时间用于研究——即除值班、出诊或随访之外的时间（尽管这可能包括履行教学和行政职责的时间）。除了要求保证一定的研究时间，你还要问一问具体有哪些临床工作职责（例如，每周半天在门诊或每年两周在住院部轮转）。不同单位及不同系之间划分临床和研究的方式不同。例如，那些临床和研究工作各占50%的人可以做一个月临床工作，接下来做一个月研究，或者上午去做临床，下午在实验室工作，也可以反过来。理论上讲能这样按一定参数分配时间，但实际实施可能会发生变化。不能因为你已经转回研究工作月就停止诊治危急病人。病人的化验结果和病理报告可能要在你临床工作月结束了才慢慢出来。如果你希望首要用研究工作成绩来评估你的工作，你可以有目的地选择那些需要随访量最少的工作，如在住院部轮转。

“花钱”减少一些临床工作时间

如果你为你所在的系争取到了额外的经费，你也许可以免去部分或所有临床工作职责。然而，如果因为你从美国国立健康研究院获得了R01基金，要求减少20%～25%的临床职责，那就需要系里的其他人来接手这部分工作。是否有新雇佣的人来做这些事？或是否有医师-科学家准备关闭或缩小他或她的实验室？如果没有人可以接手你的临床工作，那么无论你的部门或系主任对此怎样认为，或你当初为职位谈判时争取到了怎样的承诺，你也不会得到额外的有保证的研究时间。这样的话，你需要了解你所在的医学院或健康研究中心的经费情况怎样，以确定是否可以选择“花钱”减少一些临床工作时间。你要在签合同前讨论这些问题，得到书面承诺。

对初级教员来说，保护研究时间的问题，而非补助金额和实验室空间问题，才是唯一最重要的谈判点。如果单位不愿意书面承诺如何分配你的时间，你就应该担心了。

——Todd Golub，HHMI、达娜-法伯癌症研究所

得到你需要和想要的东西

怎么谈判　清楚地提出你的要求。列出一个你真正需要的东西的清单并向负责录用的人解释需要的原因。表明哪些设备你愿意和别人分享。你的录用者可以用这个信息，为你向相关实际花钱雇你的系主任争取。不要根据对方的出价来做决定，也不要抬高你的要求，但必须保证你将能从事你想做的研究。

在单位做出回应开始和你讨论这些雇佣条件时，要准备进行权衡取舍。在这个时候，至关重要的是知道什么对你是必需的。

录用信　你的谈判成果应当反映在从提供你职位的单位发出的官方函件中。与单位合作精心制作一封尽可能全面的信。这封信通常就是你的合同，因此要认真地去做。除了基本要素（例如，职称、薪金和研究资助）之外，这封信还

应该详细列出晋级终身职位的时间、进度安排、步骤和要求。

> 我告诉正在为教员职位进行谈判的博士后们：一旦你们在虚线上签了名，就别指望得到任何先前未承诺的东西，不管后来提出的要求看起来多么合理。
>
> ——Thomas Cech，HHMI

医学中心的职业轨道

一般说来，在医学中心的基础科学系的教员职位都是终身职位晋级制的职位，承担研究、教学和服务三方面职责。因为单位承诺了某种支付薪水和提供其他类型支持的义务，所以这类的职位被认为是最稳定的学术职位。然而，在某些系里，有一些教员聘用并不属于终身职位晋级制。对这些人来说，主要的职责是开展研究，而教学和服务的职责则很有限。在这种情况下，该教员要自己全权负责争取经费以发放薪水及承担所有其他科研费用。这样的职位任期通常是有限的，由系主任来判断决定是否续聘。

在临床医学系，如内科、小儿科或病理科，有许多不同类型的教员职位。例如，在一些医学院有三种任命类型：（传统的）终身职位晋级型，医学-临床晋级型和临床-教师晋级型。实行不同的任命类型，包括终身职位晋级型和非终身职位晋级型，可以让教员们有机会选择自己的工作如何被评估。通常，不同晋级类型对临床工作和研究工作方面的业绩有不同的要求，对个人奋斗和团队合作的倚重程度也不一样。而且，他们要求和付给报酬的学术工作的标准也不一样。例如，不会要求一个全职的临床医生发表的论文和一个终身职位晋级型的研究人员一样多。另外，尽管每个类型都可能要承担一定的教学和行政义务，但对不同的职位类型这些工作的重要程度是不一样的。你应该研究一下你学院的晋级体系，在面试时询问以明确你应该是哪一种类型的。

处理多个录用通知

获得多个录用书是可喜的，但是它们使事情复杂化。重要的是要体面地加以处理。可以运用下列准则：

- 让各方都了解你其他职位申请的状况。
- 用你的影响力去要求单位提供你一个和某方录用待遇相称的录用待遇，但是只在你打算接受该录用时才这样做。
- 当你不想要一份工作时，要迅速谢绝，以便其他候选人能被考虑录用。然而，要记住，在你已接受首选职位的书面录用之前就婉辞所有其他录用会是危险的。出现过这样的情况，由于全校招聘冻结，之前很肯定的口头录用被撤销。

◆ 如果需要，可以要求延长截止日期，但是，不要错过截止期限。

读完本章后，你应该感到对如何找工作及决定接受哪个录用通知有了更充分的准备。为了帮助你做决定，和那些你信任的人交流所有的正反意见。一旦你做出一个决定，再考虑考虑，留到第二天做最后的决定。一旦最终敲定，就不要再回头了。

参考资料

Austin, Jim. "You've Worked Hard to Get This Far." ScienceCareers. org (November 22, 2002), *http://sciencecareers. sciencemag. org/career_ development/previous_ issues/articles/2030/you_ve_worked_hard_to_get_this_far/(parent)/158.*

Babco, Eleanor L., and Nathan E. Bell. *Salaries of Scientists, Engineers, and Technicians: A Summary of Salary Surveys*. Washington, DC: Commission on Professionals in Science and Technology, November 2005, *http://www.cpst.org/Blubsal21F.cfm.*

Davis, Martha, and Gloria Fry. *Scientific Papers and Presentations*. New York, NY: Academic Press, 1996.

Golde, Chris M. "After the Offer, Before the Deal: Negotiating a First Academic Job." *Academe: Bulletin of the American Association of University Professors* January/February 1999, 44-49, *http://www.aaup.org/publications/academe/1999/99jf/GOL_JF99.htm.*

Golde, Chris, M. "Be Honorable and Strategic." ScienceCareers. org (August 24, 2001), *http://sciencecareers. sciencemag. org/career_ development/previous_ issues/articles/1120/be_honorable_and_strategic.*

Heiberger, Mary M., and Julie M. Vick. *The Academic Job Search Handbook*. Philadelphia, PA: University of Pennsylvania Press, 1996.

第2章　了解大学结构并制订获得终身职位的计划

毫无疑问，你在学术型单位度过了许多年，并且熟悉它们的总体结构。但是现在，作为终身职位晋级制的大学教员，你和你专业领域内的同事正形成一个新的关系体系。你大概是第一次不得不和许多大学行政办公室打交道，以履行除实验室研究相关职责之外的专业职责。

作为一个年轻的教员，你将需要：

- 结识那些会支持你学术工作的人员，包括教员事务负责人、系主任、系和学院的业务管理人员、研究基础设施人员及可以指导你的更有经验的教员们。
- 懂得教员监管体系，包括教员评议会和大学委员会。
- 了解研究基础设施，包括研究支持服务、间接成本、伦理审查委员会和利益冲突。
- 明确对于刚起步的独立的研究人员在教学、顾问、服务和学术方面有什么要求。

这一章是你获得这类知识的起点。它首先概述了一个研究型大学和一个健康研究中心的“典型”结构，并列出了新起步研究人员可以获得的资源。它还讨论了学术型教员在实验室以外的职责，包括教学和服务，对医师-科学家来说，还有为病人看病。最后，它会为你提供一些启示，看大学里终身职位是如何决定的以及你该如何为这个里程碑做准备。

“典型”大学的组织结构

虽然美国大学的主要目标是知识的进步和传播，大学也需要资金来支持它们的活动。一个大学必须寻找来自各种来源的收入（图 2.1），而且大学教员受到越来越多的鼓励去创收。你的研究计划必须要么能够自己维持，要么证明它值得用其他方式给予投入。

许多美国研究型大学有大体相似的组织和汇报结构。执行官员的头衔名称可

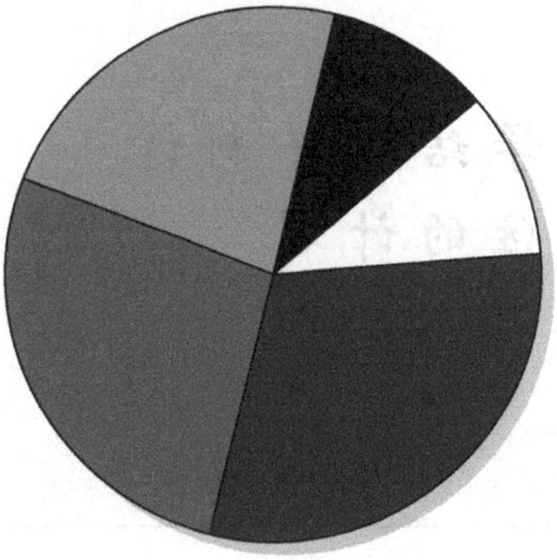

图 2.1 典型大学年收入来源

能有所不同，但是他们的作用一般是相同的。大学行政管理人员的组织及其运作方法反映了牢固的教员治校的传统。

大学层面的负责人

- 大学董事会（board of trustees 或者 board of regents） 大学的最高权威，这个管理委员会由学术、商务和社团领导人组成，他们的职位或被任命或被选举出来并有具体任期。这个委员会定期开会评审所有重大的政策及财政和管理方面的决定，包括教员的任命、提升和终身职位的授予。
- 校长（注：在此讨论中，“president”等同于“chancellor”，都是指校长。在一些州立大学体系中，“president”监管和协调该体系下所有成员大学的活动，而“chancellor”是指各成员大学的首脑。） 大学的首席执行官，此人统管大学内的学术项目和金融健全。他或她也是大学的公众发言人，处理重要宏观问题，例如，与立法机构和其他基金团体的关系，与校友的关系，以及筹资。
- 教务长或者负责学术事务的副校长 作为大学的主要学术官员，教务长监管全部学术活动的方案和预算。教务长审核新任命大学教员的任命文件，受理晋升和终身职位委员会的报告。各个学院的院长向教务长报告与学术有关的事务。在某些大学，参与学术事务（例如，研究事务和学生事务）的副校长也向教务长汇报。
- 负责行政和财政的副校长 大学首席财政官员。此人管理大学的财政事务，并且常常负责监管多方面如设备计划、建筑、人力资源和校园服务（例如，停车、公众安全、维护和邮政服务）等的运作。
- 负责研究的副校长 大学首席研究官员，此人监管基金和合同、研究资金、研究中心和研究所、技术转让相关问题（办理专利和许可），以及与研究相关的委员会，例如人体研究伦理审查委员会以及实验动物管理和使用委员会。在某些大学，负责研究的副校长也处理科学伦理问题。

其他负责不同领域的副校长们，可能对教授科学家的生活产生直接或间接的影响，包括：

- 负责信息技术的副校长　此人监管大学内的计算机设备和电话系统。
- 负责健康科学的副校长　此人负责大学内与健康有关的研究所，包括医学中心和其他健康专业学校（见下一页的"'典型'健康研究中心的组织结构"）。
- 负责学生事务的副校长　此人监管宿舍、娱乐设施和其他学生生活必需方面，并关注学生的福利问题。
- 负责开发的副校长　此人管理筹集资金、校友联系网并处理大学的各种关系。

查询教员手册

你所在大学的教员手册（通常可以登录大学网站获得）是一个无价的资源，可以让你了解单位组织和汇报机制、政策和手续以及可支持你研究的资源。

学院层面的负责人

- 院长　院长负责学院的行政事务，所有系主任向其汇报。一个大学可能有几个学院。每个学院可能还有一个副院长或助理院长，或者二者都有。不是所有的院长都为终身任命。例如，副院长职务可能是每年审核续任的，此人通常领导着一个实际运作的实验室。
- 系主任　每个学院可能有几个系。每个理科系中又有独立的科学项目。一般是院长听取终身教员们的意见和建议，任命系主任，并限定任期。然而，在任期内，系主任对系内资源分配，包括空间、辅助职员的使用及购买设备与供应物资有很大的控制权。系主任分配教学任务并监管教员绩效评定。系里的晋升和终身职位晋级委员会将推荐意见报告给系主任，然后系主任将推荐意见呈报给大学层面的晋升和终身职位晋级委员会。

> 如果一个刚入行的教员直接或间接地受到歧视或性骚扰，他或她应该向系主任然后向院长反映。这是非常重要的。院长处理这类指控并不都需要你提供目击证人。
>
> ——Linda Walling，加利福尼亚大学河滨校区

作为课题组长，你将主要向你的系主任汇报。如果你就任于一个以上的系，或就任于一个系及一个大学内独立的研究中心或研究所内，那你就必须向一个以上的负责人汇报。在你的录用信中应该清楚地说明每个系对你工作的兴趣所在。通常，汇报关系就是“跟着钱走”的问题——谁给你钱，你就向谁汇报。（见第1章“获得教员职位及进行相关谈判”。）

“典型”健康研究中心的组织结构

大学内的健康研究中心是一个机构联合体，通常由一个医学院和各医院、门诊中心，在许多情况下还有护士学校、药物学校及其他健康专业协会等组成。因为许多医学院支持的教学活动事实上都在医院和临床部进行，所以这些组织之间应当有协议或谅解录在案，允许教员合理开展从教学到研究到提供临床服务等方面的工作。

健康研究中心的首要官员包括：

- 负责健康科学的副校长　此人统管中心联合体，并向大学校长汇报。
- （各）医院和临床部的首席执行官　这些人负责医院和临床部的日常运转并向负责健康科学的副校长汇报。

医学院的行政结构

医学院的行政结构在许多方面与大学的类似。然而，一个鲜明的特点是这个学院由临床和基础科学系组成。

医学院的领导有：

- 院长　这个院长的职能与所有其他大学学院的院长相似。唯一的区别是他或她可能还担任负责健康科学的副校长。在行政事务上（例如采购），医学院的院长可能要向负责健康科学的副校长汇报。在学术和教员问题上，院长要向大学教务长汇报。医学院通常还有副院长和助理院长负责各个特定领域。
- 系主任　与大学相似，系主任是系的行政首领。
- 分部主任　通常，医学院中较大的临床系再分为几个分部。在这种情况下，一个科学家可能是分部主任，并向系主任汇报。

如果你的职位在基础科学系，你就要向系主任汇报；如果你就职于一个大的临床系，你通常向分部主任汇报。对于一个研究人员来说，其首要职位在临床部，次要职位在基础科学系或者相反的情况并不少见。这种情况下，研究者向其首要职位所在的部门汇报。

你应去结识的人

作为一个刚起步的研究人员，你想迅速了解哪些人能影响你的职业发展。他们包括：

- 系主任和分部主任。
- 你所在系或分部内的正教授。
- 资深医师（如果你是一个医师-科学家）。

结识你系里或其他系内与你研究兴趣互补的教员也是个好主意。例如，你可去结识：

- 可能与你建立合作研究的同事。
- 那些非常了解与你的研究相关的健康和安全风险，并能在大学政策和控制研究风险的安全程序方面给你提出建议的同事们。

你还要去结识你系里的业务管理者及系或分部的其他行政人员。这些人在处理诸如申请维护、采购、跟踪经费支出等事项，以及许多你没时间仔细安排的其他问题上通常很有经验。在发生不可避免的变故时，如系主任或分部主任退休，这些人对保持稳定也是很有价值的。

教员管理团体和委员会

教员评议会

教员评议会由教员代表组成的团体，是教员和大学行政部门之间沟通的主要渠道。教员评议会可能选出一个更小的执行委员会实施行动。它可以向大学校长提出政策建议，并且任命教员在大学委员会和教员评议会委员会中任职。这个评议会参与学术官员的任命及对这些官员表现的评定。它在一年内定期开会。

大学委员会

大学院系通过一系列常设的和特别的委员会完成其工作。不同大学内委员会的名称和任务有所不同，但是常设委员会的代表性类型有：

- 晋升和评定终身职位　评审关于教员晋升和晋级终身职位的建议及这方面的政策和程序。
- 录取　确立招生录取的要求。
- 学术要求　确立评分系统和毕业要求。
- 奖励　建议哪些教员应该得到大学的特殊奖励。获得这些奖励的提名对初级或资深教员的职业发展都是非常重要的。
- 课程　批准新课程和评审现有课程。
- 信息技术　就教员对计算机的需要和关注问题提出建议。
- 教员和员工福利　提出健康和人寿保险、休假和退休方面的建议。
- 伦理　确立研究正当行为指南。审查教员不道德行为案例。
- 人体试验　建立对待试验人体的伦理政策并确保遵守联邦准则。
- 长远计划　为大学做长远计划。

- 研究　　制定促进研究和分配大学研究经费的政策。
- 放射性、生物和化学安全　　为遵守研究中使用有害材料的管理规定，建立实施学院有关政策的程序。
- 动物使用和照料　　制定仁慈对待实验动物的政策，并确保遵守联邦规则。

这些委员会的会议时间表以及工作量差异很大。一般说，承担对个人申请或项目逐个评议职责的委员会是最耗费精力的。然而，当在处理一个热点问题时，政策委员会的工作量可能会突然膨胀起来（有关课题组长在委员会工作方面首要问题的进一步讨论可参见“实验室外的职责”，第 29 页）。

系委员会可包括常设委员会（例如，负责系课程、研究生录取及选择住院医生与研究人员）以及应对特定需要而设立的委员会（例如，招聘新的教员）。

支撑设施和服务

大学提供了大量的支持以协助教员在研究、教学和公众服务方面的工作。支持系统包括传统的全校范围的资源，例如：图书馆和媒体中心，通常称为“核心设施”的科学或技术服务，以及为帮助教员完成基金申请和遵守规章要求而建立的行政办公室。作为科学家，你必须知道有哪些集中的设施可以帮助你。

你大概已经熟悉你单位里传统的全校范围的资源和中心设施，但可能从未与行政支撑服务系统打过交道。下面列出几个办公室，可以证明它们可能对你建立实验室是必需的。

法规督导办公室

法规督导可由面向全校的研究办公室或你学院的类似办公室负责，或由几个针对具体规定事项的办公室来负责。法规督导官员负责跟踪你所需的许可证和批件，以确保遵循联邦和州关于研究的法规。尽早询访他们以便了解下列问题：

- 如果你打算使用放射性材料就要知道对辐射安全的要求。你可能需要参加培训。你需要得到辐射安全委员会的许可才能取得和拥有放射性材料。
- 对拥有和使用血源性病原和其他传染性材料以及重组 DNA 研究的要求。你可能必须将你的研究在生物安全委员会登记或得到它对你研究的正式批准。
- 使用专用试剂和材料所需许可证和进行干细胞研究所需的正式批准。
- 人体试验的正式批准。你的研究方案需经人体试验伦理审查委员会审核。因为这些委员会一般一个月开一次会，审查过程可能比较长，要事先明确有哪些要求。
- 动物实验的要求。你打算从事的任何涉及动物的研究方案需经科研机构动物管理和使用委员会的审查和正式批准。
- 使用激光和剧毒性化学药品，以及处理危险化学废物的要求。你单位在使用激光和处理危险化学品方面会有一些你必须遵守的特定规程和准则。

环境健康和安全办公室

刚起步的研究人员需分担实验室安全的职责。参加单位的健康和安全规程管理是十分重要的，为此你必须熟悉适用于你的研究的健康和安全指导原则。你应当确保你的研究组成员知道你实验室可能存在的危险，确保其经过安全工作习惯培训，并确保其知晓如何处理任何可能发生的紧急事件。你单位的环境健康和安全办公室提供服务帮助你承担这个职责。该办公室通常提供安全培训计划、技术支持、协助遵循法规、风险评估和检测安全设备完整性等服务。

基金与合同办公室

该办公室职员能告诉你可以申请大学内的哪些经济资助并帮助你申请，他们还提供校外资助机会的有关信息。在提交基金申请前，通常由该办公室批准经费预算，有些情况下它还负责基金申请的电子版的提交工作。此外，它还帮助你确保你的基金申请与大学政策和政府规章的要求一致，并有必需的单位批件和签字。记住提前做计划；基金与合同办公室也许需要几天到几周的时间来处理你的基金申请。向你单位的基金与合同办公室核实他们处理你的基金申请需要多长时间。

技术转让办公室

1980 年的《拜-杜法案》（Bayh-Dole Act）使大学有权拥有联邦政府所资助的研究中产生的发明。你的大学响应该激励政策，建立了技术转让办公室专门处理专利和许可事务。（见第 11 章“理解技术转让”。）事业起步后你就要尽早访问技术转让办公室，让该办公室人员及时了解你的研究工作，并且请他们帮助你决定你获得的任何发现是否值得申报许可以便进行商业开发。该办公室还将指导你如何保存记录和记载文件来保护你实验室的知识产权。（见第 8 章“数据管理和实验室记录本”。）

采购办公室

这个办公室为大学采购。你可能需要利用它购买设备和消耗品。这个办公室能够协议团购价或批发价。其职员熟悉各类卖家和产品，能帮助你根据需要安排购买。这些人员也了解他们所购产品的有关管理要求。他们可以跟踪负责货物的付款和收据，因此对你的实验室清算账目是非常有帮助的。

人力资源办公室

人力资源办公室能够回答你关于你自己雇员的福利问题，帮助你当好主管人。在雇佣第一个技术员或其他辅助职员前，你应造访这个办公室，以便了解你大学有关雇佣和解雇职员、在职歧视、性骚扰和表现评估等方面的政策规定。遵循这些规定和政策是非常重要的，因为它们涉及联邦政府和州法律问题。此外，了解你单位是否有工会以及是否有任何集体谈判合同或者与工会有关的规定会影响你与大学职员或学生的相互关系。（见第 4 章“为你的实验室招募人员”。）

公共关系办公室

公共关系办公室让外界及时了解大学及其学者的成就。该办公室职员与新闻媒体保持接触，能够帮助你安排采访，将你的发现变成新闻采访和报道，还让你知道该怎样巧妙自如地回答提问。

开发办公室

该办公室是一个重要的行政分支，教员们与它打的交道越来越多。它负责协调和争得用于大学发展的慈善资助，主要是向包括校友、公司、信托机构和其他组织在内的个体筹款。和你院校的开发办公室取得联系，以便在募款活动中突出强调你的某些特殊项目。

有关研究伦理和人体研究的信息资源

政府机构网站

卫生与人类服务部（Department of Health and Human Services，DHHS）下属人类研究保护办公室

http://www.hhs.gov/ohrp

该办公室负责协调实施联邦政府有关试验人体保护方面的规定，并向部长的人类研究保护顾问委员会提供人员支持。

DHHS 下属研究诚信办公室

http://www.ori.dhhs.gov

该办公室旨在促进美国公共卫生服务机构所支持倡导的生物医学和行为研究中的诚信。它监督研究行为的机构调查，通过教育、预防性和规定性活动来推动负责任的研究行为。

国立健康研究院干细胞研究

http://www.ninds.nih.giv/stemcells

该网址包含有关人类干细胞研究的政策和要求信息及研究者和伦理审查委员会指南。

美国食品药品监督管理局（U.S. Food and Drug Administration，FDA）：伦理审查委员会和临床研究者指南，1998 年修订版 http://www.fda.gov/oc/ohrt/irbs

该网址发布 FDA 现行的保护试验人体指南。

民间网站

人类研究保护认证项目协会

http://www.aahrpp.org

该协会资助一个为从事人体研究的机构提供认证的项目。

国家生物伦理文献中心

http://bioethics.georgetown.edu

该中心为公众提供免费参考文献服务、免费生物伦理数据库服务、针对教学者的教学大纲交流库、带注释的参考书目及其他促进生物伦理学习和教学的服务。该中心人员编辑了《生物伦理参考书目》，列出年度引用率有 3000～4000 次的书目清单。

公共医学和研究责任组织

http://www.primr.org

该组织推动在医学和研究中始终贯彻伦理准则。

负责任的研究行为

http://rcr.ucsd.edu

该网站由加州大学圣迭哥校区主办，并受美国国立健康研究院研究诚信办公室、美国能源部和卫生与人类服务部下属人类研究保护办公室的资助。它提供研究伦理的教育材料。

实验室以外的职责

作为大学教员，你的职责有研究、教学和服务三项。作为一所重点大学的科学家，你主要集中于研究。然而，教学和指导学生与博士后的研究也是很重要并给你带来满足感的方面。你对大学的服务职责大多通过服务于委员会来履行。这对你个人和专业也都是有回报的。如果你是医师，你也可以通过治疗病人的活动来服务于大学。

教学

初任大学教员，一开始你可能会发现同时担负教学和研究的职责有点力不从心、穷于应付的感觉。有一个好办法，就是提醒自己正在做的事情的价值——向年轻人传播知识和对科学的感悟欣赏，也许还可以鼓励一些学生追求他们自己的科学生涯。(见第 13 章“教学与课程设计”。)

为有时间使你的实验室运转起来，你会希望协商减轻你第一年就任大学教员的教学负担。其他一些情况也让你有必要减少教学负担，例如，你的系在另一领域给你安排了很重的职责，或者你有家庭或个人问题。与你的系领导谈谈可供你选择的方案。

无论你的教学任务什么时候开始，花时间去做准备。逐步提升你的讲课水平，去听校内提供的所有“如何教学”的课程，并且如果可能的话，旁听你同事讲课。

还要记住，教学给你一个和学生见面的机会，他们最终可能对你实验室的研究感兴趣。在许多学校，较年轻的教员常与资深的教员竞争给未定专业的研究生上课的机会。学会如何有效教学意味着你会有更多机会与你所在系或其他系的大学生或研究生相互交流。(关于如何平衡教学与研究职责的讨论，见第 6 章“时间管理”。)

> 在建立我的研究组的同时，我也在教学。我花了大约10年时间才发现教学的真正乐趣。但是，即使在很早的那几年，我就注意到教学对我的生活有巨大的稳定作用——与研究很不一样，研究可能会使人气馁。在研究时，有时你会感到自己好像退步了，你知道的比上星期还要少。然而，教学要稳定得多——你投入一定时间工作就会产生一些好结果。所以，我认为教学和研究两个职业相结合是好的，其中教学能够填补那些低潮，而这些低潮是做研究的正常部分。
>
> ——Thomas Cech，HHMI

委员会工作

你会被要求参加一个或者多个委员会，你的贡献将作为你获得终身职位的服务要求的组成部分来评估。虽然你应当认真承担这个职责，在选择职位时你也要明智一些。某些委员会——特别是那些审核个人研究方案或申请的（例如，人体研究伦理审查委员会或招生录取委员会）——是很花精力的。其他的可能会处理一些对新教员来说有困难的政治敏感问题。例如，课程委员会正在进行一个有争议的改组，而且其结果又对你所在系有利害关系，你可能就不想参加该委员会。这样的任务最好留给资深一些的同事。还有些委员会和你作为科学家所关心的事毫不相干。所以，你在接受委员会的任务之前，问一问你的详细职责，包括所需时间及所要做的决定的性质。

然而，许多委员会的确会对你付出的时间有不错的回报。任职于教员招聘委员会可以让你对谁将成为你的同事拥有发言权。你也许也会想参加讨论项目或科学会议的组织委员会，这会让你有机会邀请你以前的同事、你领域的学术带头人和你想联系的新人。在研究生录取委员会工作可能是值得的，因为这可以让你结识可能会到你实验室工作的研究生。不过，在负责招收医学院学生的委员会工作强度会较大，需花很多时间，而且将来和医学院学生（M.D./Ph.D.学生除外）有实质性交流的可能性较小。

一个好的策略就是服务于一个既可以让你的专业有用武之地又不会给你带来过多负担的委员会。咨询你的系主任和指导者，请他们建议你在获得终身职位之前的几年如何平衡委员会的工作和其他方面的职责。

> 在处于助理教授阶段时，你应该做的是建立起你的研究计划并埋头工作。加入一个引人注目的委员会迅速增加你的知名度，但这也能给你带来强大的敌人。
>
> ——Milton Datta，爱默里大学医学院

从事大学里的工作是至关重要的，但过多的行政责任必然会伤害到你的研究和教学质量。大多数未获得终身职位的人员参加的是以系为基础的委员会或涉及跨学科研究生培训的委员会。参加学院、大学或系统范围的委员会更加花时间，不应过于强调，除非已到了事业生涯的较后阶段。学会适时说不！

——Linda Walling，加利福尼亚大学河滨校区

遵守试验人体保护条例

如果你的研究以人体为对象，你必须遵守伦理审查委员会关于保护病人权利和利益的要求。你的研究设计必须符合伦理审查委员会的规定。另外，你必须获得并记录病人的知情同意书，遵守保护病人隐私的规定，并在开始研究前获得伦理审查委员会的批准件。

你也许被要求保留研究过程中的数据和结果以备伦理审查委员会检查。所有这些要求可能会减慢你的研究，但如果不遵守的话会导致你的研究计划被勒令停止。获得伦理审查委员会的批准需要很长时间，去了解一下是否可能在你就任教员之前就申请。

科研人员和外部世界

作为以大学为基础的科学家，你要忠诚于你的几方支持者：支撑你的大学、你的行业和从你研究中受益的公众。要绝对保证对以上各方都尽效忠义务，这是能做到的。

为保证得当地进行外界活动，你需要明白大学针对下列方面的规则和要求：

- 在专业协会中服务。
- 利益冲突和职责冲突，包括对从事顾问活动的限制。
- 与新闻媒体以及与政府和政治机构的关系。

担任顾问

随着你的事业发展，你可能找到机会担任商业实体如生物技术和制药公司的顾问。你和你所在的机构都能从那些扩大了你的名声、增加了你的知识技能、并可能使你的发现转化成实际应用的各种关系中受益。此外，你会欢迎额外的收入。然而，要记住，作为你雇主的大学最有权拥有你的劳动和忠诚。

许多大学已经做出明确规定，限制大学教职人员在其他机构工作。了解你单位关于你在大学职务以外的工作及你与校外各方关系的政策是极其重要的。你的单位对这类活动应当有一套明确规定，你可能被要求定期汇报这些活动。（关于

顾问活动的更多信息，见第 11 章“理解技术转让”。）

公众服务

学术职务带有服务公众的义务。随着你事业的进展，你可能被邀请参加一些委员会，或者在政府团体面前证明你工作的意义或它在伦理或公众政策方面的含义。

将这些邀请当作一种严肃的责任来对待。并且，你可能会接触新闻媒体，因此要与大学公共关系办公室保持密切联系。记住，你在公众场合说的任何话都反映你所在单位的形象，而这些话很容易会在脱离了上下文的情况下被误解或被引用。

你还可能有机会参加公众教育活动——科学展览会、中学集会或其他社区活动。这些机会可以同时给你乐趣和回报。

为晋升和获得终身职位做准备

如果你从一开始就了解你要进的单位是如何决定晋升和授予终身职位的，你就更可能取得成功。那么你就可以相应地开始筹划策略。

终身职位的标准

终身职位的官方标准形成一个“三腿凳”。你将被从研究、教学和对大学、行业和公众的服务几方面加以考核。不管这些标准是否详细表达出来，下面的期望和要求都是很典型的。

研究　你的研究在质和量上都必须对你所在的科学领域做出相当的贡献。在你领域同行评议的杂志上发表论文，及你所在领域能够证明你研究质量的人的声明，这些构成了证明你达到该标准的首要证据。在读者数量更多的科学杂志上发表论文给你带来额外的业绩。此外，还要求有相当数量的在研的研究基金。例如，一些单位要求你至少有一项 NIH R01 基金。另外的证明还包括各种奖励和对你工作的其他形式的认可及被邀请在大型会议上报告你的工作。

教学　你必须有证据证明你是个有能力的老师并且对你的学生认真地尽职尽责。教学是出了名地难评估，但你系里应该有机制来进行。系里可能指派你的同事监督指导你的教学。学生的评价是你的教学能力和与学生融洽相处的另一证据。系里也可能要求你报告自己的教学活动。

服务　你必须证明你愿意为大学、行业和大众的进步而工作。服务于系和校内其他委员会、研究伦理委员会、期刊编委会及基金审查评议组表明你愿意承担你的这份责任。被邀在编委会和科学评审组任职也说明外界对你的学术认可。为专业协会工作和担任政府和企业的顾问也算做服务。

你单位和系的使命决定了你的终身职位遴选委员如何定位每个领域的分量。

在以研究为主的系或机构，研究是首位的，你所承担的具体项目的进展是最重要的。

> 你要尽量待在实验室里才能建起一个课题组。那些没能获得终身职位的助理教授把时间都花在办公室而非实验室里了。
>
> ——Thomas Cech，HHMI
>
> 终身职位“三脚凳”的各条腿粗细不同，研究那条腿要比教学和服务这两条腿重要得多。后两条是必需的，否则凳子会倾倒，但认为它们和研究有相同分量是不切实际的。
>
> ——Matthew Redinbo，北卡罗来大学教堂山校区

评审过程

从助理教授晋升到副教授并获得终身职位的各评审过程是紧密相连的。晋升评审包括由系、学院和大学各级委员会做出的一系列“是-或-否”的决定。大学范围的委员会所做的决定须经大学校长或教务长和机构理事会的批准。

晋升过程是公开的还是封闭的，也就是说，你和其他任何人是否有权看到晋升终身职位的证明文件和委员会的商议记录，每个大学有所不同。不管怎样，候选人通常有机会对否决进行申诉。

过程展开来大致如下：

- 在你被雇用的第二或第三年，系主任会创建你的晋升和终身职位档案(里面应包含什么，详见下文)。
- 在你被雇的第三年末，你系里已获终身职位的教授就是否推荐续聘你三年进行表决。
- 表决后，系主任会和你谈话，讨论任何会阻碍你未来前景的问题。
- 在你的第五或第六年，单位会向你同领域的内外部专家征集意见书，向你现在和以前的学员征询意见。一些单位还会征求外界对你晋升的意见信。
- 你系里已获终身职位的教授审阅这些材料，就是否授予你终身职位进行表决。
- 如果系里投了赞成票，你的晋升档案会被递送到学院或大学任命和晋升委员会。你的系主任会去和该委员会讨论你的资格。
- 如果该委员的决定是肯定的，材料会呈给一个大学层面的特别或常设委员会，接着呈给教务长和校长再给理事会做最后批准。

你的终身职位晋级档案

你应该有机会为你的档案做贡献。这应包括：

- 你个人和专业发展的历程——实质上就是一个扩展的简历，详细列出你所受的教育、学术职位和其他专业任命、荣誉、奖项和成就、应邀讲座和大会演讲、专业学会任职、担任期刊和其他学术刊物的编委、得到的经费及在基金科学评审组的任职。
- 发表论文和其他创造性工作清单。
- 你教学活动的小结，包括你所教的课程、其他对大学教育项目的贡献、学生对你的评价结果和你自己的教学活动报告。
- 详细描述你指导研究生的工作及后来他们的去向。
- 关于你面向大学、你的专业和对公众所进行的对内和对外服务的描述。
- 你的研究目标和成就的陈述，要写得让大学层面的晋升和终身职位委员会的委员们能够体会到你工作的重要性。
- 外部评委的意见书。这些评委应该是你所在领域的领衔专家并了解你的工作（你可能会被要求建议几位这样的专家作为评委）。

> 没有什么是微不足道的。如果你在什么方面得到认可，务必让它出现在你的档案里。
>
> ——Tony Waldrop，北卡罗来大学教堂山校区
>
> 在临床方面，关键在于计费的时间——花在临床工作上的时间。医师-科学家必须找到一个能支持自己的研究并向系里和单位里其他人传达这一点的系主任。
>
> ——Milton Datta，爱默里大学医学院

晋升终身职位过程中的时限

你单位已制定了晋升和授予终身职位的准确时限。总的来说，如果你被任命为助理教授，你会期待在大约 6 年内被考虑晋升。事业伊始，你就要制定具体的、可实现的目标，明确标出你每年需要完成什么任务的时限。整个过程将会看起来更好管理，你将能够根据自己的进展做出职业上的现实决定。

第 1 年　　你应该

- 尽快建起你的实验室。尽量在你上任之前就改造实验室空间，订购设备和雇用技术员。如果你上任后碰到问题，你也许要修改你的晋升时间表。
- 了解你单位关于终身职位的基本章程。
- 如果没有教员指导者和你自动配对，你应该要求给你安排一位指导者。你需要有人能够有效地帮助你努力符合系里的各项政策规定。如果你不满意正式指定的指导者，你也许需要一位私下的指导者。要有策略地处理这种情况。
- 开始工作。如果合适的话，整理撰写你的博士后研究工作，然后投给一

个杂志。

- 接受委员会工作职责，但要避免陷进去。仔细考虑任何要求你参加的委员会的工作量。你还要考虑该工作的性质。一些委员会的政治敏锐性太强，对你的职业生涯早期阶段没有什么用处。（见第 6 章“时间管理”。）总的来说，在任职任何委员会之前最好咨询一下你的指导者。
- 进入“基金能手”游戏。在开始准备申请你主要的 R01 基金时，你可以先通过申请你单位里或其他来源的小型基金（5000～25 000 美元）来试一下水。

第 2 年　　你应该

- 努力使第一年的研究工作得以发表。
- 申请 NIH 或国家科学基金会的基础研究基金。（见第 9 章“获得基金资助”。）请你的指导者和其他同事审阅你的申请。
- 教学的同时要牢记终身职位的评审过程。请你的系主任、指导者和其他同事听你的课。在各课程结束时务必让你的学生填写好评估表。你可以自己设计简单的“论文式”评估表，发给学生和在你实验室工作的学员和其他人员。（见第 13 章“教学和课程设计”。）

问：我需要每年做什么才能帮助我获得终身职位？

答：更新你的简历，和你的专业同事建立联系，并和你的系主任和指导者们保持密切接触，请他们评价你的进展。及时更新你的成就、活动、荣誉等“动态文档”，防止你遗忘相对较小的事情，如学生做的会议墙报，或你所参加过的期限很短但很重要的委员会。有这样一个文档会使收集你的终身职位晋升档案变得容易得多。除了这些进行中的任务，回顾你的目标并做必要的更新。

我建议从事基础研究的医师-科学家发展一个适合自己的“临床切入点”。他们应尽量专注于一个与其科研工作相关的临床问题。这样有利于实现通过终身职位评审的目标，因为它可以帮助他人了解你，理解和描述你所做的工作。从时间管理的目的来讲，它能使你从非常花时间的普通医疗工作中摆脱出来。一个保护你研究时间的方法就是仅服务一些临床问题套路有限的固定病人。多面手式的医疗服务会牺牲掉你的基础科学研究事业。

——Ann Brown，杜克大学医学院

第 3 年　　这一年终身职位的教员们将会投票表决是否续聘你。你应该已经定期与系主任会面讨论你的进展，因此你应该有一个将支持你续聘的晋升终身职位文件夹。

- 询问你的指导者你是否已步入晋升终身职位的正轨。如果不是，检查你的工作，并考虑在此时调整职业目标。如果你在终身职位晋级制的职位上干得不好，如果你是个医师但想从事研究工作，这时你也许该考虑转向研究或临床轨道了。

> "发表一篇好论文，然后获得基金"的一般规则对大多数刚起步的教员来说都是适用的。用你的启动经费来得到关键结果，然后将它们发表。这可以向各资助机构证明你的研究组正在前进并有成果，令你更有机会获得那些重要的初始基金。同样地，尽量不要递交不成熟的申请。如果可能的话，最好等上一两个周期，以便展示你持续稳定的进展。
>
> ——Matthew Redinbo，北卡罗来大学教堂山校区

- 向系主任要一份将归入档案的材料清单。
- 如果你的 R01 申请没有得到经费，重新提交申请，并计划好后备经费。(见第 9 章"获得基金资助"。)

第 4、5、6 年 你的研究工作应该开始在你的领域里得到认可。向你发来的参加专家组或评审委员会的邀请显示了你的成功。如果没有这样的机会，采取行动提高知名度，也许可以建议在一个全国性会议上设一个你的专业领域的分会。(见第 10 章"发表论文并提高知名度"。)

你需要处理任何可能阻碍你竞争终身职位的问题。如果你没有获得基金资助，这应该成为你的首要工作重点。坚持做你的研究，继续努力将结果发表。

很清楚，晋升终身职位之路是不平坦的。但如果你有策略地思考——知道你想从你的工作中得到和需要什么，以最有利于获得那份工作的方式展示你自己和你所从事的研究，且每年完成应该做的事来证明你的实力——你就会朝着你的目标前进。

设计和装备你的新实验室

你也许在面试和谈判过程中就讨论过需要的实验室空间和设备。在搬到你的新实验室工作之前，详细计划如何在分给你的空间里工作。这有助于你一到岗就能正常运转。

下面列出了你该做的事情：

- 考虑各种工作站、准备区和办公室之间的关系。
- 安排和帮助监督任何整修。
- 订购设备并监督安装。
- 获得管理机构要求的许可证。
- 在你订购放射性和危险性材料或在你的实验室里使用动物之前，你也许需参加培训课程。即便是使用重组 DNA 也需获得批准。

◆ 将控制实验室订购和支出和记录研究的数据管理系统安装到位。

《科学》（*Science*）杂志的 ScienceCareers.org 网站（http://sciencecareers.sciencemag.org）上的“实验室风水艺术”系列网络文章可以有助于做出这些决定。另一个资源就是由 HHMI 制作的关于实验室安全的系列录像，可以在该研究所的网站目录（http://www.hhmi.org/catalog）上免费获取。

医师-科学家特殊事项

规划职业轨道

终身职位晋级制的医师-科学家的职业轨道和博士科学家的不一样。下面的表格列出了一些每年你也许该努力达到的目标，其中没有什么“固定模式”。该表的目的是为你提供和系主任谈判时所需的讨论材料。例如，在谈判过程中，你可以向系主任展示这张表，询问他（她）的预期与你在表中列出的有何不同及原因。

	第 1、2 年	第 3、4 年	第 5 年及以后
临床职责	一个月的住院病人咨询 一个月的门诊病人医疗 受保护的研究时间（70%～80%） 有保证的工资和启动经费，包括资助一个学员、一个技术员和一个兼职的秘书 保证通过大学内部基金获得额外资助	一个月的住院病人咨询 每月两次的门诊病人医疗 受保护的研究时间和工资资助（50%～70%） 能够留住未使用的启动经费并在不依靠现有经费的条件下维持一个学员 向外界非赢利组织和美国政府申请基金	四到六周的住院病人咨询 每月一、二次的专科门诊医疗 获得 NIH 基金（R01、K08 等） 每年在高质量的杂志上发表二或三篇论文（你领域里前 25% 的杂志）
教学	每年 10 协议小时在医学院和研究生院教授各种课程和多种形式的教学	承担组织一个研究生院课程（在继续第 1、2 年列出的教学任务之外）	主管一个医学院课程（40 协议小时） 教授多种其他课程（5～15 协议小时） 带教值班（每年 1 个月）
社团服务	和你所属机构外的个人建立联系	评审论文手稿 系和大学的委员会 和你所属机构外的个人建立联系	评审论文手稿 系和大学的委员会 论文委员会 非赢利组织的医学/科学顾问委员会 NIH 基金学科评审组 撰写书或综述中的章节

医师-科学家特殊事项

横跨研究和病人医疗两个领域

作为一个医师-科学家，你可以积极定义你的作用，指出除了收费的工作时间之外你还给系里带来的价值，例如对临床医疗的科学视野，以及对学生和住院医师的培训和指导。事实上，联邦各资助机构认为在从人类基因组图谱走向疾病的诊断和治疗策略的转换型研究中医师-科学家有着至关重要的作用。

你可以通过以下工作来提高你的知名度和工作保障：

- 结交能站出来支持你的同盟者。在你的领域里培养几个认为你很棒的人。
- 通过提供重要的医疗技术或填补一项关键的医疗需求，令自己成为不可缺少的人。知道你价值的其他临床医师可以成为你的拥护者，帮你保护你的利益。拥护者不一定是你系的，但要依赖你和你的技术。
- 让大家知道你在做重要的事。积极和你系或部门的重要人物交流你的研究进展。

参考资料

Barker, Kathy. *At the Bench: A Laboratory Navigator*. Cold Spring Harbor, NY: Cold Spring Harbor Laboratory Press, 1998.

Boice, Robert. *Advice for New Faculty Members*. Nihil Nimus. Boston, MA: Allyn and Bacon, 2000.

Deneef, A. Leigh, and Craufurd D. Goodwin, eds. *The Academic's Handbook*. 2nd ed. Durham, NC: Duke University Press, 1995.

Goldsmith, John A., John Komlos, and Penny Schine Gold. *The Chicago Guide to Your Academic Career: A Portable Mentor for Scholars from Graduate School Through Tenure*. Chicago, IL: University of Chicago Press, 2001.

Kennedy, Donald. *Academic Duty*. Cambridge, MA: Harvard University Press, 1997.

Menges, Robert J., and associates. *Faculty in New Jobs: A Guide to Settling in, Becoming Established, and Building Institutional Support*. San Francisco, CA: Jossey-Bass, 1999.

National Academy of Sciences, National Academy of Engineering, and Institute of Medicine. Committee on Science, Engineering, and Public Policy. *On Being a Scientist: Responsible Conduct in Research*. 2nd ed. Washington, DC: National Academy Press, 1995.

Reis, Richard M. *Tomorrow's Professor: Preparing for Academic Careers in Science and Engineering*. Piscataway, NJ: IEEE Press, 1997.

Schoenfeld, A. Clay, and Robert Magnan. *Mentor in a Manual: Climbing the Academic Ladder to Tenure*. Madison, WI: Atwood Publishing, 1994.

Smelser, Neil. *Effective Committee Service*. Thousand Oaks, CA: Sage Publications, 1993. Part of the series Survival Skills for Scholars (*http://www.sagepub.com*).

Whicker, Marcia Lynn, Jennie Jacobs Kronenfeld, and Ruth Ann Strickland. *Getting Tenure. Survival Skills for Scholars*, vol. 8. Thousand Oaks, CA: Sage Publications, 1995.

第3章 科学领导实验室

终于到了走进你自己实验室的这一天了。你是老板了！是你的创造力和科学技能将你带到这里。不过，你很快就会意识到日常的实验室运行也需要高超的领导和管理才能。

这一章讨论领导和管理一组人所需的技巧和能力，并就如何获得这些技巧和能力提供了一些建议。主要分成四个部分。第一部分就指挥一个科研实验室而言说明了“领导”一词的定义。第二部分讲述了为你的实验室建立愿景的过程。你作为领导的作用是组织和激励实验室成员来实施这一目标。第三部分是介绍各种不同的领导方法及你怎样运用以形成自己的风格。第四部分讨论实验室领导在建立和维持一个有成效的队伍方面的作用——也就是说，怎样和你实验室成员交流，怎样激励他们，怎样做决定和解决冲突，以及怎样制定和实施行为规范和准则。这一章大部分是根据加州大学旧金山校区健康专业中心主任 Edward O'Neil 准备的材料来编写的，也有部分是来自对一些科学家的采访，这些科学家有着多年运作实验室研究项目的经验。

> 如果要我给一条建议，那就是，尽管你是因为你的科学才能和研究潜力而被雇用的，但你最终的成功在很大程度上要依靠你指引、领导和激励他人做出最好的工作的能力。
>
> ——Thomas Cech，HHMI

你作为实验室领导的作用

什么是领导？

在讨论你作为实验室的头或课题组长（Principal Investigator，PI）的具体责任之前，你应该理解什么是领导。领导就是指挥一组人去实现需要完成的愿景。因此，O'Neil 认为，领导首先要确立愿景，并需要和其他人建立关系以完成任务。

领导＝愿景＋关系＋任务

在实践中，这意味着一个领导者要发挥多种作用，从提出科学策略到激励人员再到管理预算。

愿景　一个领导者必须为实验室确立愿景和确定方向。（见“作为领导确立你的愿景”，第43页。）

关系　一个领导者能够使实验室里的其他人齐心协力地进行工作。因此，一个领导者必须：

- 建立和管理队伍。
- 创造一个大家能够给予和接收反馈的环境。
- 激励和支持研究生、博士后和技术员。
- 可能的时候把责任交给其他人。
- 公正决断，控制冲突。
- 交流并倾听。
- 敏感洞察各式人群和需求的差异。（见第5章“指导和被指导”。）
- 指导别人，也要征询他人对自己的指导。（见第5章“指导和被指导”。）

任务　一个领导者还必须管理实验室成员的活动。这要求PI理解他（她）负责指挥的核心活动。除了实验室里所使用的研究工具和流程方面的基本知识外，PI还必须能够：

- 设计课题并决定时间期限。（见第7章“课题管理”。）
- 做预算。（见第9章“获得基金资助”。）
- 写基金申请书和论文。（见第9章“获得基金资助”。）
- 授课。（见第13章“教学与课程设计”。）
- 同时应对许多不同的要求。（见第6章“时间管理”。）

领导者和管理者：有什么区别呢？

尽管领导和管理经常可以互换使用，但它们并不是一回事。一个领导者影响别人的观点和态度以完成共同的目标，而管理者主要是一个行政人员，他要确保人员和事情发展的过程都按部就班以实现期望的目标。管理者要能计划、做预算、组织和解决问题，以保证一个由人和技术组成的复杂系统运行顺利。作为一个科学实验室的头，你既要做一个领导者又要做一个管理者。

培养领导技能

上述提到的一些领导技能，例如制定一个愿景，对你来说很容易做到，然而其他的，如激励实验室成员和委派职责经证实可能要难一些。“领导能力培养”是指提高你领导技能的过程。它包括确立一个或若干个成为更优秀领导者的目标并制定计划实现这些目标。实际怎样进行，这里有一些技巧。

选择一个你想改进的行为　假如实验室里的两个博士后之间起了冲突。他们的课题有交叉，现在他们互相竞争由谁来负责。你意识到你既要密切关注实验室里每人所做的实验，还要密切关注人员之间的交往关系。

选择一个改进行为的具体目标　你选择的目标应该尽可能具体，并用明确和可衡量的方式来表述。例如，“我在和实验室成员交流方面会做得更好”这样陈述的一个目标既不清楚也不容易评估。表述成“我将和做某课题的博士后每周碰个头，直接公开地讨论该课题方面的进展和任何会影响工作的问题”这样的目标会让你更容易实现它。用这种方式你可以判断自己有没有做到。

决定一个完成的期限　为衡量你的进步你需要定一个切合实际的期限。例如，“1个月内，我会知道实验室里的每个人在做什么课题，并会和每个人定期碰头”。

评估你的进展　从一开始你就应该明确表述目标希望取得的结果，以便知道自己是否已达到目标。你希望能回答的问题有：

- 我如何知道我已经成功？
- 其他人有谁会注意到并受影响？
- 他们会注意到什么不同？

要知道你的计划是否有效，你需要创造公开的反馈渠道。这包括询问你实验室成员和你的同事的反馈，看你对照你设定的目标模式做得怎么样。（见第49页“给予和接收反馈”。）

怎样提高你的领导技能

提高领导技能常常是尝试和失败的过程，但有一些更正规的方式来进行。

找一个指导者　为了帮你制定和实现一个具体的目标，找到一个在做你想做的事情的人。例如，如果你的局限之一是不知如何让人们感到他们的工作和成就受到重视，你也许希望观察另一位PI是怎样认可和奖赏他（她）实验室的成员，然后尝试在你自己的实验室按照那个模式来做。你将需要实践或许还需改进你的行为以适应你自己的个性和处境。同样，你也许认识那些公共演讲出色、在压力下保持冷静、有效管理时间或熟练运行实验室会议的同事。观察这些人，分辨出他们所使用的具体的积极的做法，然后试着采用这些做法。你也可以就你自己的做法和进展向这些同事征求反馈和建议。（见第81页第5章“指导和被指导”。）

阅读书籍和参加课程　你可以通过阅读书籍和参加大学开设的课程来提高你的领导技能，特别是学校有管理学院的话。一些科学协会也会结合年会开设实验室管理方面的讲座或短期课程。你还可以利用你所在机构人力资源部提供的资料。许多组织，如加利福尼亚大学旧金山校区健康专业中心（http://www.futurehealth.ucsf.edu）或加利福尼亚大学戴维斯校区的领导力学习实验室（http://sdps.ucdavis.edu/browse/hr/hrs021.htm），也可以向你单位提供测试和其他资源。

了解你的长处和弱点　大多数情况下，你无法改变你的个性，但了解它们可以帮助你更加有效地领导。例如，你可以充分发挥你的优势，并避开或改进你的弱项。此外，自我了解会使你更加了解实验室成员的个性，有助于你更有效地领导和支持他们。你可以参加不同的测试来帮你理解自己个性中的不同方面和在某些情况下表现怎么样。梅尔斯-布瑞格斯性格类型指示表（Myers-Briggs Type Indicator，MBTI）是最著名的测试方法之一。附录1（第60页）简要描述了MBTI性格类型及这些类型在实验室环境中会是怎样表现的。关于MBTI的更多信息参看网页http://www.myersbriggs.org。

要了解你在职业方面的长处和弱点，一个比较流行的做法是完成一份所谓360度反馈的调查问卷。例如，创造性领导力中心发布的技能范围（Skillscope）问卷由一系列需要你和其他人回答的问题组成。你的上级、同事和你的下属给你打分，看你哪部分工作（从交流信息、支持员工的专业发展，到管理和组织能力及时间管理技能）干得出色以及哪部分需要改进。问卷也给每个人提供机会就某项具体技能对你的工作是否重要发表他们的意见。了解他人如何认为你的优缺点，再对比你自己的想法，是很有启发的（也是讨论的一个机会）。除你上级的反馈外，其他的都是匿名的。更多关于“Skillscope”的信息参见http://www.ccl.org。

作为领导者确立你的愿景

大多数人明白大学校长或大型教学医院领导必须有一个他（她）希望实现的愿景，但一个领导实验室的人该怎样呢？即使是一个只有6个人的实验室，如果没有明确的愿景，很可能会使博士后和研究生各自为阵、浪费时间和产生不良意向。树立一个愿景，让实验室的每个人共同为之奋斗，并不会限制创新。相反，它为创新并可能发展为新的方向提供了基础。

> 我的愿景是心脏病发作后我们使这个心脏再生。这的确是我想在事业中实现的目标。刚开始，我担心当我跟别人说我有个目标时在某种意义上听上去有点“傻”。我发现人们起先也许认为有点奇怪，不过很快当他们听了一遍又一遍之后，你开始看见他们点头同意你的观点。有一个表述清楚的愿景的确会帮助你激励你的团队，为你们所从事工作背后的使命而奋斗。
>
> ——Charles Murry，华盛顿大学医学院

怎样创建使命宣言

实施你实验室目标的奠基石是使命宣言。它描述了你想从事的研究工作、对

你研究工作的激励和你希望的工作氛围。它应该考虑你实验室的历史、现在的挑战和你希望实现的短期和长期目标，同时还要留心系和单位的未来总体工作。在你创立使命宣言时，可以在一个非正式的场合口头告知你的同事和系主任。听从他人的建议并调整后，使命宣言应该用大约一段话以书面形式明确下来。

你在创立使命宣言时，记住下面几点：

- 决定你想要的实验室价值观（如科学成就、纪律、团队合作、竞争）。
- 除科学目标外，还要考虑社会和经济目标。
- 打造一个你和同事、上级及实验室成员交流起来感到自在的使命宣言。

下面是两个使命宣言的样本：

- 我们实验室的目标是进入肿瘤遗传学领域最成功且受尊敬的实验室的行列。终极目标是帮助建立更好的肿瘤治疗方案以取得更高的治愈率。为此，我们将和该领域的其他研究人员合作，分享我们的结果和试剂。我们会因公正和友好合作得到认同。
- 我们实验室的目标是理解细胞运输蛋白的机制。具体地说，我们将着力解决别人未能攻克的技术挑战。实验室的一个要点是培养下一代的科学家。我们将创造一个有益于学习和测试新技能的环境。

记住，使命宣言不是实验室的行动计划或战略地图，但它们有助于形成这些基本要素。另外，宣言不是静止的，会随着时间而发展和改变。

一旦你有了感觉合适的使命宣言，就开始一遍又一遍地向你实验室的成员传达。在实验室会上、在实验室新成员加入时，或在你坐下写文章时，都要提及它。从现在开始，你每次做决定——从雇用员工到为实验室成员选择科学课题到确立沟通流程——都要想到这个宣言。

确立你的使命宣言

- 用粗线条描述，但也要明确取得成功的关键性措施。
- 为你的愿景提供理智和情感两方面的支持。
- 将它与你的系及学院的价值观和文化联系起来。
- 要清楚、诚实。
- 创造一个独特的前景，令你的研究项目区别于其他人，特别是你的竞争者的项目。

形成你的领导风格

使命宣言为你的实验室确定了行动路线，但你怎样着手带领和激励成员来实现这个目标呢？你担任领导者这个角色的方式叫做“领导风格”。很大程度上它由你的个性和迄今所有指导过你的人的性格类型决定。例如，你也许发现在不寻求实验室其他人或同事的意见的情况下独自做决定，感觉更舒服自在。或者，你也许发现主动给予你的学生和博士后反馈意见有点困难。在你领导实验室的实践进行了几个月后，你很可能会形成自己感到舒服的风格。然而，管理方面的专家告诉我们对不同的情况和不同的人需要采取不同的风格，你应该练习采取这些不同的风格。

四种领导风格

肯·布兰查德（Ken Blanchard）因“一分钟管理者”系列而广为人知，他和保罗·荷赛（Paul Hershey）一起提出了一个所谓情景领导的经典研究模型。他们形象化地用一个从指挥型到支持型渐变的图谱来表示领导风格。指挥型行为指明确地告诉人们做什么、怎样做和什么时候做，然后严密监督人们的行为。支持型行为指倾听人们的意见、提供帮助和鼓励，然后协助他们参与解决问题和做决定的过程。根据这个模型（图3.1），你指挥和支持为你工作的人员的程度受到他们完成一个既定任务的能力水平和投入程度的影响。

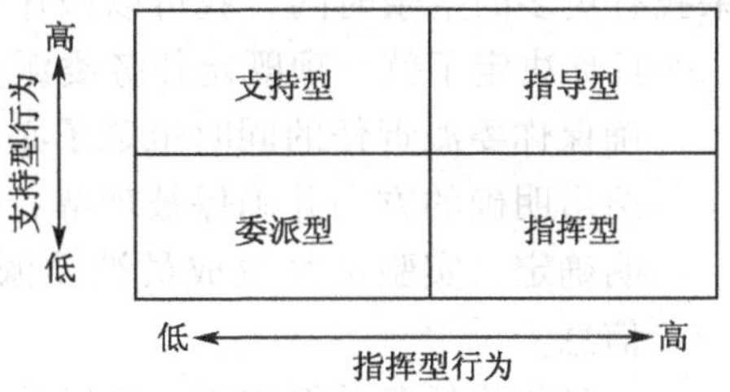

来源：改造自领导力研究中心建立的一个概念。

图3.1　Blanchard-Hershey领导风格模型

四种情景领导风格描述如下：

指挥型　这种风格非常注重任务，不太注重关系。当你监管的人还不够格或未充分调动起来独立执行任务，那你就需要明确地告诉他（她）每一步该做什么。例如，对一个刚进实验室工作、需要学习一项他（她）以后要常规操作的重要技术的技术员，你可以采取这种方法。

指导型　这种风格同时注重任务和关系。作为PI，你要持续指挥你所监管的人的行为，但也要花时间解释所做的决定、征求建议并支持成员个人的专业发展。这种领导风格是要求最高的。它需要领导者付出很多时间和感情上的投资。例如，一个研究生加入实验室不久，你也许要给他（她）展示不同的技术，帮他（她）决定做哪些实验，但你会向他们解释为什么要及如何适应实验室的使命。

支持型　这种风格不太注重任务而更注重关系。作为PI，你会协助大家去努力完成交付的任务，并让他们也参与做决定。在实验室，PI可能会对大多数博士后和有经验的研究生采取这种风格。例如，你会把选择做什么实验的职责交给博士后，但会继续讨论这些实验是什么并协助其进展，例如，可以帮该博士后找一个合作对象以便他（她）完成课题的下一步。

委派型　这种风格即不注重任务也不注重关系。作为PI，你会把做决定和解决问题的责任转交给已变得更独立的个人。例如，你会允许一个即将离开实验室的博士后自己决定做什么课题和找什么样的合作者，而不用事先征求你的意见。

委派任务和权威

许多 PI，特别是刚起步的 PI，不太愿意把任务委派给他人，唯恐失去控制或权威。委派任务是重要的，因为它可以使你从一些日常的职责中解脱出来。分派职责不会降低你在实验室的作用。它只会使你有能力处理更重要的职责。另外，委派能赋予权力给为你工作的人，调动他们的积极性。

在决定是否有些职责可以委派给别人时，问问自己下列问题：什么是我正在做而我希望由别人来做的？实验室里有没有人有能力也愿意承担一项新的职责？如果我有更多的空余时间，我可以做什么？

一旦你决定了就一项既定任务委派责任，你需要：

- 确保你委派责任的同时也赋予必要的权力。
- 给出明确的方向并确保被理解；保持双方交流渠道畅通。
- 明确定义实验室每位成员被委派的职责，并让实验室每个人都了解这些信息。
- 一旦你将任务委派出去，跟踪确保工作的进行但不去干涉它。
- 当你将权力委派给某人，保证在他（她）的权力受到质疑时支持他（她）。
- 将责任公正地分配给实验室成员。

> 经过这么多年，我学到：一方面，对待总体上干得不错的人有很多方法；另一方面，每个个体看来都会带来某些你未曾经历过的问题。所以，尽管你认为你已具备了所有这些经验，但随即你就可能面临新问题，你也许不得不调整方法，因为每个人都是不同的。
>
> ——Thomas Cech，HHMI

建立和维持一个有效的团队

今天，和历史上任何时候相比，科学都更能称得上是一项团队运动——而且队伍日益壮大。许多实验需要你融合各种各样的技能和背景知识。不管你的实验室规模大小，都有一些通用的指南，从交流和给予反馈到制定具体的行为规定，持续调动团队成员并让他们有效地工作。接下来的部分会讨论这些指南。（更多关于怎样和其他实验室合作的内容见第 12 章“建立合作”。更多关于挑选实验室成员的内容见第 4 章“为你的实验室招募人员”。）

实验室内的交流

你应该每天和实验室成员交流。如果你还在操作台第一线从事实验工作，那么你的实验室成员很容易接触到你。但如果你大部分时间是在办公室里写论文和基金申请书，那么努力到实验室转转吧，如果可能的话，至少每天一次，并和人们聊聊。将你的办公室门开着，除非你需要集中精力完成某项任务，不想受到打扰。

除了这些非正式的交流，正式的会议是一种有组织的方式，确保每个人能够及时了解团队的活动和结果，并能让你反复强调你的期望和价值观。通过各种方式，定期举行目标设定和评估会议：实验室年度度假聚会、定期性的实验室全员会议、每周或频率更高一点的讨论具体事宜的小组会议和常规安排的一对一的咨询会议和绩效评估会。定期举行团队活动是十分重要的，它还可以鼓舞实验室成员的士气并促使他们体会到自己是一个团队的一分子。

课题组会议　许多课题组每周举行会议。实验室的一个或几个人轮流报告他们自上次汇报后所做的工作。他们做一个介绍，报告他们的结果和他们对结果的解释，然后讨论下一步计划做什么。课题组成员们接下来通常会做评论和提建议。在一些实验室，特别是较大的实验室，课题组会议通常采用半正式的形式，需要用投影仪和幻灯片来展示和汇报工作，可能会有点令人胆怯，特别是对研究生来说。在较小的实验室，这些组会可能更随意一些——例如，每个人讨论他（她）那周做了什么。这些会的交流互动性要强得多。然而，即使在较小的实验室，偶然举行几次正式的工作汇报也是很重要的，因为这样可以提高学生和博士后口头汇报研究工作的能力。另外和其他实验室联合举行研究工作会也是个好办法。对你的实验室成员来说，给实验室室外的科学家汇报工作是很好的经历。这有助于将汇报内容解释得更加清楚，并从那些未深入接触课题的人那里得到新的想法。这也可以拓宽你和你学生的工作关系网，这在他们找工作或寻求推荐信时是特别有用的。

一对一的会议　不管课题组会议的频率怎样，你应该经常和每个实验室成员单独碰头，以便及时了解他们的进展和问题。邀请你的学生、博士后和技术员带上实验室记录本到你的办公室，向你汇报他们正在做什么工作。许多PI每周花一个小时和实验室成员碰面。在实验室成员刚完成一系列实验之后，或注意到某个成员正遭遇困扰，课题组长和他们碰头的频率可能会更高。

高效会议指南

对大多数正式的会议，你应该有个预先计划，明确会议的目标和意图：

- 征集议题并在会前分发议程。
- 为会议明确布置任务——也就是说，谁来发言，谁来做笔记和谁来带领讨论。
- 对议程上的每项行动，重温讨论的要点，做出决定并确定会后的行动。
- 讨论下次会上要讨论的议题。
- 会后进行会议小结并列出任务清单。

绩效评估会 和实验室成员一起开绩效评估会使你有机会阐明你的期望，评估他们最近的工作成绩和设立绩效目标。这也是讨论他们的职业目标及他们在你实验室的工作怎样促进这些目标的实现的好机会。绩效评估的另一个重要目的是让实验室成员有机会对你的领导风格提供反馈。工作中联系你单位的人力资源部门，确保你遵守机构的绩效管理程序。附录2显示了由Tamara Doering制作的一个绩效评估表样板。她在评估会前几天将表发给实验室成员。表由两部分组成：实验室成员在会前完成的自我评估部分和会中完成的互相反馈部分。除重点讨论短期和长期目标外，这种一年两次的评估会使实验室成员有机会对Doering的领导风格提供反馈。这个表格还就评估什么和怎样让实验室成员进行自我评估提供了一些建议。附录3包含了一个由HHMI人力资源部设计的一览表，它也可以帮助你准备和某个实验室成员会面进行绩效反馈。

小组会 一些实验室里负责具体课题或技术的人员还会召开小组会。在这种会上实验室成员们处理后勤和技术事务，并且推敲实验，努力使不同的方法奏效。

战略会议 如果你决定你的实验室要从事一个新的方向，你也许要召开一个正式的战略会议。战略会议帮助课题组明确下一步最重要的问题什么，以及什么实验可以回答这些问题。这样一个会议也有助于课题组对实验室的方向形成共识并明确需要做什么和谁对新研究领域的哪部分感兴趣。此外，这些会议能帮助你确定如何避免潜在冲突和利益竞争。

> 如果一个PI的实验室有20个人，你在任何时候问这个PI“第17号人员在做什么”，他应该能够在不做任何准备的情况下给你讲两个小时。成为一个好的实验室带头人的必要条件是你头脑里记住所有这些。
>
> ——Thomas Cech，HHMI
>
> 在我的实验室，有五、六个分组每一两周开一次会，这非常有效。这带给他们建立团队的体验。
>
> ——B. Brett Finlay，大不列颠哥伦比亚大学

文献讨论会 这些会议是新科研人员培训的内在组成部分，频率可以从每周一次到每月一次，或依需求召开。讨论一份科学报告有助于阐明怎样和不要怎样提出并检验一个假说、有效的分析由什么组成及怎样汇报科学发现。此外，文献讨论会重申了这样一个观点，即阅读最近的文献对跟上领域的发展非常重要。这些会议还让你有机会在讨论别人工作的时候交流你的科学价值观。

> （在文献讨论会上）我们讨论文献并谈论它们的缺点，这样就明确了我们不希望我们的论文也有那些类型的缺点。我认为我们在前进的时候就会出现科学严密性问题。
>
> ——Tamara Doering，华盛顿大学医学院

非正式小组活动　组织一些联谊活动来庆祝重要的成就，如发表了一篇论文、得到一份工作、得到一项基金，这对推进你实验室的共同目标和鼓舞士气是重要的。此外，大多数PI同意实验室成员偶然在放松的、非工作环境中联谊交往一下是重要的。这样的聚会可有助于促进团队建设并增进实验室成员之间的交流。你在建立实验室时可能必须安排这些外出活动。一段时间后，它们会更自发地出现。不要觉得你每次都得参加，如果你未被邀请参加所有工作时间外的聚会，不要感到受冒犯了。

给予和接收反馈

给予和接收反馈是至关重要的领导技能。从你的实验室各位成员那里接收反馈将有助于你提高担任领导的技能并指挥人们朝你的目标行驶。反过来，给予他们反馈有助于他们科研生涯的发展并确保你的期望被实现。不仅要每天非正式地给予反馈，在正式的会议上也要有反馈。定期给予反馈并和课题组交流有助于灌输“反馈”文化，也会使你在找实验室成员谈具体的情况或问题时觉得更容易些，因为他们已经习惯了与你定期碰头。它也有助于避免实验室成员给你带来令人不快的意外事件。

给予反馈　当给予实验室成员反馈时，你要努力

- 看好时机。在时间紧迫、压力重重的时候（如基金申请的截止期迫近了）给予反馈收效甚微，特别是当任何一方生气或某人不乐意接收反馈的时候。
- 具体且客观。针对第一手的数据、行动和行为发表评论，而不是对这个人发表意见，或根据你对他（她）意图的推测来进行评论。例如，不要说“你对工作不够专心”或“你似乎不太在乎你的实验”，而是考虑一个你认为存在问题的具体事例，如“我们在会上决定你要做三个实验，但你只做了一个”。
- 强调期望。依据前面概括的目标和决定提供反馈（如“上次会议我们决定……”）。
- 避免主观陈述。一个主观陈述的例子是“我不喜欢你想什么时候就什么时候来实验室”。相反，尽量客观地陈述：“如果你来实验室的时间总是难以预计，实验室的其他人就很难知道他们什么时候可以和你说话。许多人要依靠你的专长，他们需要知道什么时候能找到你。”
- 用建设性的方式讲述。反馈应被看作一种促进的方法而不是一个惩罚的步骤。为此，确保学生或博士后有计划地处理任何你发现的问题并安排一个监督进展的方法。为什么这个博士后白天很迟才到实验室，工作安排混乱？她是否需要调整日常生活规律，早点睡觉？她往返实验室的交通是否有问题？建议解决这些问题的方法并和其达成一个重新审核该问题的限期：“从现在开始，我希望你早上10点能到实验室，参加所有安

排的实验室会议。和 Dave 或 Jane 说说搭他们的车来实验室。我们可以一星期后再谈谈，看看你做得怎么样。”

- 确保它被充分理解。反馈时常被曲解或误解。你也许要让学生或博士后重述你所说的话并说说他（她）对你所提问题的评价。
- 避免给予太多。选择最重要的问题开始，并记住，综合和消化反馈需要时间和空间。

> 尽管我知道这很重要，但对我来说让别人知道他们的行为不符合我的期望还是有困难。当我刚启动实验室时，我比现在对此更感到不舒服。现在，在提醒人们注意这点上我基本上更快了。如果事情行不通，他们的工作质量不知何故下滑了，或他们付出的努力莫名其妙减少了，我在说“这不对，你现在必须改变它”这样的话时就感到轻松些了。
>
> ——Charles Murry，华盛顿大学医学院

接受反馈 在实验室会议或一对一碰头会上，通过提问请你实验室的成员就具体的问题提供反馈。重视和你的系主任定期会面及和你的资深同事共进午餐，以了解他们认为你的进展如何以及你是否走上了晋升终身职位的正轨。（如果他们还没有关注你的工作，这样的谈话可以促使他们开始关注。）但记住，要获得真诚的评论和建议，你必须要善于接纳。如果你反应为生气或为自己辩解，你实验室的成员和其他同事就不太愿意告诉你他们的意见。你在倾听意见时，努力理解别人所说的话。如果什么地方不清楚，要求他们解释清楚。如果反馈是反面意见，花时间思考你所听到的，即使你对此并不同意。是什么行为可能导致了这样的感觉呢？如果可能，你需要做什么改变呢？

做决定

作为一个 PI，你一天要做的决定即使没有几百个也有几十个，从决定打开哪个电子邮件及给每封邮件做什么类型的回答，到选择雇用一个新的博士后。每一种情况下，做决定的第一步需要理解当时情况所提出的要求，可以从回答下列问题着手：

- 我要做的决定有多重要？例如，雇一个新的技术员是一项严肃的任务。在你做决定前必须对候选人进行面试并仔细研究他（她）的背景。而另一方面，你是否同意审阅一篇文章不太可能造成很严重的后果。
- 我需要什么时候做决定？
- 我是否有足够的信息来做决定？
- 这个决定的后果有多关键？
- 谁需要知道或关注我将做的决定？
- 我是否需要别人的帮助或批准？

◆ 如果我以前做过同类的决定，我是否可以沿用同样的方法？

对这些问题的答案将帮助你选择最适当的决定方式——也就是说，你在多大程度上独自做出决定或者让他人参与做决定。

完全独自做决定 在有严格的时间限制、不需要别人同意接受、你一个人有最好的洞察力或你在处理高度机密的信息的情况下，这种决定方式是最有效的。例如，如果另一个科学家为了一篇他赶着要发表的文章来找你要和你合作一些实验，你可以很快决定是否值得参与进去。如果你自己或一个技术员就可以做这个工作，你不需要询问别人的意见就可以做决定。另一个例子是决定是否去审一篇论文或为一个博士后写推荐信。

咨询他人后再做决定，但不一定告诉他们为什么 当你需要听取别人的意见并有充足的时间去收集信息时，你会采取这种决定方式。总的来说，这种方法可以提高决定的质量，但另一方面，你有点冒险，也许会将并没有真正参加决策过程的人卷进来，这可能会导致不满和误解。例如，当另一位科研人员找你要和你合作某项目时，你可以问问同事们是否认识这个人和他（她）的声誉怎么样。一位 PI 在考虑为实验室开辟一个新的研究方向时，可以咨询系主任和实验室里的博士后及学生的意见。

做决定的步骤

1．确定你需要做的决定的类型。
2．选择一种对决定本身和当时处境都适宜的方式。（记住，不同的决定方式适于不同的情况，选择得当时，你采用任何方式都应同样舒服自如。）
3．做决定。
4．保存一份你所有决定的日志，简述手边要解决的问题、决定类型、决定内容及结果。
5．每月回顾日志，看看每项决定实施情况如何。

与课题组一起做决定 当你的时限不太紧，需要别人的支持或课题组的技术经验，或需要创造性的回应时，这种决定方式是有帮助的。它比上面讨论的两种方式更耗时，但在某些情况下它能提供决定的质量。例如，当决定是否邀请一位新的博士后加入实验室时，许多 PI 会与实验室的现有成员一起决定。另一个例子是当一位 PI 必须决定是否购买一台新的他（她）没有经验的仪器时，实验室里可能有博士后更了解该仪器并能做更好的决定。

将决定交给别人 如果要做的决定对你实验室的其他人更重要，你在特定问题上能力不足，或你有其他更紧迫重要的事要处理，这些时候可能适合让你实验室的其他人来做决定。这种情况下要考虑的最重要的事是无论你是否喜欢将做出的决定，你都必须接受。决定一旦做出，你最不该做的事就是去推翻它。例如，你可以让一个资深的博士后自己决定是否和另一个科学家合作或投论文给哪个杂志。

根据你的个性，你也许倾向于以一种特定的方式做决定。例如，如果你性格内向，你可能倾向于独自做决定，而不会有太多的小组讨论。但你实验室的成员会感激你让他们参与某些决定。在不同情况下采用不同的决定方式是个好主意。

为你实验室的成员建立行为准则并告知他们

你作为实验室领导的一个关键方面是建立并有效传达可以反映你实验室愿景的期望要求。一些期望要求适用于实验室成员中某个特定群体（如博士后），其他的则因人而异各不相同。你可能要和你的实验室成员一起工作来建立这些期望要求——这样他们接受的可能性更大，并有助于提高他们的积极性。传达你期望的最好方法就是不断地传达——第一次面试时，第一天上班时，吃午饭时，实验室会议中，还有最重要的是树立一个榜样。还有个好主意是将你的期望通过书面形式传达，特别是针对新实验室成员和进行成员工作评估时。还要定期回顾这些期望。一个总的原则就是你应该信奉你对实验室成员提出的期望要求。告诉你的员工们你很享受正在做的事。特别是在早期时，到实验室里来，和他们肩并肩工作。他们将看到你如何工作及什么对你是重要的。

> 我每年做一个“实验室现状”的讲话。我首先回顾上一年的成就和进展得不错的事情。我努力将每个人所做的工作都指出来，以便令人感觉每个人的作用都受到肯定。然后我回顾一下实验室预算——我们的“资金消耗率”是多少，我们的资金来源于何处——并简要谈谈经费管理和策略。
>
> ——Charles Murry，华盛顿大学医学院
>
> 实验室成员一加入，我们会给他们一揽子信息，告诉他们在实验室的职责是什么和实验室是怎样运作的。你越快让新成员到实验台边开始干起来，就越有成效。
>
> ——B. Brett Finlay，大不列颠哥伦比亚大学

下面是在为实验室成员制定期望要求时你通常需要考虑的一些方面。

工作时间　一些 PI 觉得他们应该规定他们期望研究生或博士后每周工作的具体小时数。但这个策略不一定能起很好的作用，还可能招致不满。重在成效会被证明比强调个人工作小时数或具体工作时间要成功。然而，你可能希望实验室成员在某些时间会在实验室里——以确保他们能和你及其他实验室成员交流。总的来说，你自己的工作时间就确立了你课题组的工作进度。如果你在下午 6 点离开实验室，就别指望你实验室的人会干到晚上。

问：我怎样避免实验室成员对工作时间和休假可能产生的误解？

答：处理这个问题的最好方式是在面试时告知你对工作时间和休假的期望要求。例如，各国假期长短不一（例如，欧洲的假期通常比美国的长），所以你应该让应聘者知道你单位和实验室的政策。

延长假期　告知实验室成员，你期望他们应该提前数周通知你他（她）要休假。让他们知道你单位关于假期和个人休假的限制。你的单位还会有关于休产假的规定。最好严格遵守这些规定。

> 当一些PI说“我们希望你们每周六都要来这里，从不休假”或类似的话时，就给实验室带来不好的声誉。我认为你要做的事是树立榜样，帮助你的成员了解如何才能最有效。规律的工作时间是有可能的，但需要很好地组织安排。我有一些成员效率很高，工作朝九晚五且很有成效，时间利用得好。我也有一些成员时间利用得不好，所以我尽量和每位实验室成员一起工作，帮助他们揣摩出什么最有效。
>
> ——Suzanne Pfeffer，斯坦福大学医学院

论文的作者署名　一篇论文的作者包括哪些人并怎样排序时常是实验室不和的源头。在决定谁该作为一篇文章的一个作者时，PI应该考虑谁对论文的各个具体方面做了贡献。所有参加课题的实验室成员都应表达他们对所产生的论文的作者署名和应得荣誉的期望并给出他们要求成为作者的理由。

在此要参考一些指南：

- 第一作者通常是主要负责该课题的人。
- 偶尔，可能两人一起负责；大多数的杂志允许声明前二位或前三位作者对文章做了同等贡献。
- 一开始就承诺作者署名是不明智的。等到你知道每人实际做了多少贡献再决定论文作者署名，你可以选择将此作为你实验室的一项政策。
- 在决定作者是否包括某人时，问问“如果没有此人在概念或技术上的贡献，该课题是否还能完成”。

> 我将一个学生列为一篇论文的作者之一，因为如果没有他概念上的贡献，整项研究就不能完成。没有问题，每个人都希望此人在这篇文章上署名——因此作者并不一定要贡献了论文中一个具体的图，如果他们的贡献对课题的进展必不可少的话。
>
> ——Suzanne Pfeffer，斯坦福大学医学院

科学伦理 将负责任的研究行为灌输给你实验室的最好方法就是信奉那些价值观。作为领导，你应该在一个实验室会议或更随意的场合讨论重要的伦理问题（如科学严密性、可重复和有差异的结果）。大多数大学开设科学伦理学讲座或研讨会，你应该鼓励你的成员去参加。美国医学研究所所做的一个报告“科学研究中的正直和诚实：创造环境推动负责任的行为”介绍了合乎伦理的研究行为。该报告可从国家科学院出版社网站 http://www.nap.edu 获得。你还应该让你的成员有可能通过保密的方式和你讨论和汇报他们的顾虑。

课题所有权 PI在听取他人建议的基础上，通常决定实验室成员从事什么课题。一些实验室每三、四个月进行一次战略讨论，其间每人讲述他们想继续或开始什么课题。如果成员们各有明确界定的课题，课题间区别显著以使每个人可以独立从事一些工作，同时这些课题又相互关联以保证没有人在真空中工作，这时实验室的工作是最有效率和成果的。这样，实验室的每个人可以相互咨询和激励。

> 我时常鼓励人们进行合作或在技术上互相帮助。所以，如果有人有了个想法，我会说：“你为什么不去找某某呢？她一直在思考那个问题或知道怎样使用那台机器。你为什么不去和她谈谈呢？”我总是尽量让他们互相取长补短。
>
> ——Tamara Doering，华盛顿大学医学院

关于将课题带离实验室的政策 当博士后离开实验室时你是否允许他们将课题一起带走，关于这点你应该制定明确的政策。将这项政策告知所有未来的博士后。一些PI允许博士后带走他们在实验室时做过的任何工作，无任何限制。其他一些PI允许博士后带走部分课题作为他们到新实验室的研究方向。这种情况下，该PI要确保在几年内不和从前的这位博士后的课题直接竞争，直到博士后的实验室已经建立得比较完善。当你制定政策时，考虑一下你会如何处理实验结果和你预期的不一样的情况或研究结果引向一个新的有趣的研究方向的情况。如果你的研究组很小，研究集中在一个领域，你也许不能让博士后离开时带走课题。这种情况下，你也许要找些让他们受益的替代方式。一个可能的做法是发给博士后6个月的工资，并提供他资源为开辟一个新的研究课题或方向获得初步数据。如果这不可能，你可以鼓励你的博士后同时进行两个课题：一个直接贡献于你实验室的目标，另一个和实验室的研究有关但不是主要方向的课题。博士后可以随意带走后一个课题。

> 我个人认为对某个在你的实验室苦干了三年后出去找工作的人说“你不能继续你一直做的课题”是不公正的，因为那样他就不能获得基金。
>
> ——B. Brett Finlay，大不列颠哥伦比亚大学

> 实验室的头应该慷慨大方，但这对一个资历尚浅的PI来说是困难的，因为你觉得自己刚起步，每件事情对你的研究计划取得成功都是至关重要的。因此，让博士后带走课题就很难。但他们需要这样做，主要的事情就是为此进行交流。
>
> ——Tamara Doering，华盛顿大学医学院

保持实验室成员的积极性

你的关键作用之一就是激励成员为了实现你们共同的目标努力工作。尽管不同的人适用不同的内在和外在激励，但大多数人会在他们对实验室的贡献得到承认和赞赏时富有积极性。Edward O'Neil认为，要感觉有积极性，大多数人需要：

- 选择　人们希望做一些决定。作为PI，确保你交给大家适当的责任，让他们参与讨论总体科学策略，听听他们的观点。
- 能力　人们需要技能来从事他们被交付的工作。作为PI，要测试某人的能力，可以让他和你一起做实验或问一些恰当的问题。
- 目的　人们需要了解他们在实验室和科学事业中所起作用的重要性。作为PI，重要的是给实验室每个人设立一个定义成功的目标，并确保目标和他们正在从事的工作一致。倾听每个人想做什么并理解他(她)的目标是什么是很重要的。如果一个博士后决定到企业发展职业，尽力鼓励他(她)像你一样从事科研是不起作用的。作为实验室领导，你在与实验室成员一起为实现你们的共同目标而工作时也要顾及他们的个人目标。
- 肯定　你要不断地给予实验室成员反馈。意见和建议应该针对对他们的期望和要求而言。特别的成就，如文章发表或解决了一项困难的技术，需要特别的肯定，如组织一次实验室外出聚会。
- 感觉舒服　人们要在他们的环境中感觉舒服，才能专注于他们的工作。例如一些成员喜欢在实验室放音乐，而另一些人会受到干扰。工作环境需要令人舒服，你实验室成员才会期待每天来工作，喜欢在你的实验室和同事们一起进行研究。
- 进展　应该及时对实现目标表现出满意。一个好办法就是每周开一次个人碰头会，以便制定期限、解决问题和计划未来实验。
- 热情　毫无疑问你热爱科学，为发现和找到未被回答过的重要科学问题的答案而兴奋——和实验室成员分享你的热情，很快他们就会追随你。

除了个人问题，当这些因素都做到位时，实验室成员应该感到在你实验室工作是充满动力的。缺乏动力会表现为生产力下降。某个原本富有成效的人会连续一周又一周地拿不出结果。你首先需要确定造成下降的原因。是不是实验室的人

际问题、实验困难或个人危机？和该成员讨论这个问题，看看你是否可以和他一同找到一个策略来解决这个问题或将他的行为造成的影响减到最小。

我认为我们中许多人会犯的错误就是总是认为某个人没有做任何贡献，仅仅因为它可能是个微不足道的贡献。我认为对每个人的贡献给予赞赏是极为重要的。

——Gail Cassell，美国礼来公司

当有人在实验室会议上报告了一个的确很好的结果时，我会说，“那看来是一个‘比萨’结果”，然后我会为实验室买来比萨以示对他们的赞赏。有时这是作为赞赏的一个形式而不是真正有什么重要结果。如果某人——例如一个初级技术员——在克隆课题中很长时间陷入僵局，然后得到了他一直在努力做的构建，那就是个“比萨”结果。

——Tamara Doering，华盛顿大学医学院

我每周和每个人举行一次半小时的会议。如果他们进来说，“没有进展，”我会说，“好的，”，然后转换话题，因为我知道一个科研人员90%的实验都是不起作用的。我知道这种方法是非常微妙但却有效的激励方式。大多数人不希望一周又一周地走进我的办公室说“没有进展”。

——B. Brett Finlay，大不列颠哥伦比亚大学

处理实验室里的冲突

冲突是指某人关注的事物或愿望不同于另一人的任何情况。在实验室，当两个人都对同一个课题感兴趣时，冲突常会因“争地盘”而起。通过监管实验室每个人所做的工作，你会经常发现潜在的问题并在它们变得严重前处理好。

大多数人试图避免冲突。但我们应该将冲突看成是我们生命中的一个创造性部分。冲突有正负两方面的潜在作用。根据处理的方式，冲突可以是建设性的，也可以是破坏性的，可以起到激励作用，也可以令人丧气，可以产生高质量的结果，也可以扼制一个课题，可以产生创新思想，也可以引起破坏性的权利斗争。

Kenneth W. Thomas 和 Ralph H. Kilmann 提供了一个评估冲突情况下个人行为的有用模式。Thomas-Kilmann 冲突模式描述了冲突情况下个人行为遵循的两个基本方向：坚持自我——就是指个体试图满足自己的利益的程度——和乐于合作——指个体试图满足他人利益的程度。

这两个行为基本方向可以用来定义 5 种处理冲突的具体模式，这些模式每个人都能够使用：

利己型 这种处理冲突的模式是坚持自己的利益且不合作。利己者以牺牲他人利益为代价来追求自己的利益。他们使用任何似乎可以帮助取胜的力量，包

括他们争论的本事或他们的地位等级。当你处理一个至关重要的问题、一个不得人心的决定或某个需要快速行动的决定时，这种冲突模式是起作用的。然而，尽管有时看来是公正的，许多科学家犯的错误就是总是采取个人主义的、竞争的模式。例如，如果另一个实验室的头向你借一种试剂，而你还没有在发表的文章中引用过这种试剂，且你的一个博士生正在用它做课题，你也许会拒绝提供试剂直到你博士后发表了引用这个试剂的论文。这个决定可能会使你不受这个 PI 的欢迎，但你是在捍卫你博士后的利益。

利他型 这种模式是不坚持自我的利益而是予以合作——换句话说，就是和利己型相反。利他者常常会为满足别人的利益而忽视他们自己的利益。当你想建立政治资本或表示友好，及对待不太重要的事情时，这种模式是适合的。然而要记住，如果你记住这个账并期望他人下次也会如此，那么这个利他模式可能成问题。例如，你和你的合作者正共用的一台设备刚坏了。他坚持你付维修费因为你的实验室使用的次数多。你不同意，但你后来让步了，因为你知道所有其他共用设备他的实验室用得更多，所以下次有仪器需维修时就轮到他出钱了。

回避型 回避者既不武断也不予以合作。他们不立即追求自己或他人的利益。冲突永远不会由回避者来解决。很多时候人们因害怕卷入冲突或他们因为对自己处理冲突的技能不够自信而回避冲突。但是，如果和你有冲突的人比你的权利要大得多或当事情不那么重要时，回避冲突会是个好的策略。当你需要争取时间时回避冲突也是个好方法。这样做的一个例子就是说“有一些严重的变化。我需要一些时间来考虑”。

合作型 这种处理冲突的模式是既坚持自我又予以合作——与回避正相反。合作者试图和他人一起工作，找到能够完全满足双方利益的解决方案。他们深入问题，找出两个冲突的个体的内在利益并试图找到一个替代方式来满足双方利益。有这么一个积极的结果，一些人会表示合作模式永远是用来处理冲突的最好模式。然而，合作要花很多时间和精力，只有值得在解决冲突上花费时间和精力时才应使用这种模式。例如，如果两个博士后在“争地盘”，你也许要花必要的时间仔细划分出同一方向上的不同的课题，同时满足两位博士后的需要。另一方面，如果你的博士后们对哪天举行实验室会议而起了冲突，花时间和精力来合作解决这个冲突可能是没有益处的。

妥协型 在连续渐变的协商模式中，这种模式介乎利己型和合作型之间。妥协者的目标是找到一个双方都能接受、能够满足双方部分利益的权宜之计。妥协者要放弃的利益比利己者多，但比利他者少。他（她）比回避者更直接地解决问题，但不像合作者那样深入或详细。对决定一般重要性的问题或双方权力地位相当或你面对的问题需要快速解决时，这种解决冲突的模式是有用的。总的来说，学术人员往往未充分利用这种处理冲突模式。例如，假设你的系主任原本和你有协议，免掉你一个学期的教学任务，但她食言了。她告诉你她实在没有办法了，需要你第一学期就给 200 个学生讲授《生物学导论》这门课，包括实验课。你指出你的协议里规定了你第一学期是不安排教学任务的。然而，你愿意教一个学生人数少一些的研究生课程。你当然情愿什么也不教，协议上也没有规定第一学期教课的义务，但你也知道尽可能顺从你系主任的意愿对你是最有利的。

> **处理冲突的步骤**
>
> 面对冲突时：
>
> - 评估问题。
> - 评估另一方的利益。
> - 承认限制。
> - 选择一个能够平衡问题的重要性、时间限制、权力差异和涉及人员之间关系的策略。

每种处理冲突的模式都是有价值的，没有一种模式对所有情况来说都是好的、坏的或更好的。作为 PI 你值得去努力的目标就是提高你应对冲突的全部技能，在不同情况下灵活适当地运用不同的模式。

在你实验室为你工作的人员也会倾向于采取一种而不是另一种处理冲突的模式。你会面临利己型、利他型和回避型等各种类型的人。通过举例子向他们展示根据情况处理冲突的不同方式。

解决实验室成员之间的冲突　当两个或更多实验室成员发生冲突时，确定你是否有必要介入并提出解决方案。通常，大多数人能够解决他们自己的冲突，但要确保冲突不要恶化到影响实验室的士气和气氛的地步。

这里有一些如何帮助解决实验室内冲突的窍门：

- 营造一个接受冲突的环境，只要相关人员公开诚实地面对困难。PI 可以积极加强实验室成员特别是冲突涉及人员的坦率性。
- 帮助卷入冲突的人员使他们做出友好姿态和反应的时机、关注焦点和程度都一致起来。例如，PI 可以请冲突涉及人员在一个指定时间一起到你办公室，开诚布公地讨论问题，得出解决方法。
- 确保每个人理解其他人的观点。PI 可以通过总结、澄清、集中问题和鼓励每个人倾听来做到这一点。

解决你和实验室其他人的冲突　PI 和实验室成员之间也会发生冲突。这些冲突对实验室的未来发展是重要和有影响的，特别是在早期。实验室领导要显示出有兴趣接收和理解负面反馈，如果它恰当的话，还要表示乐于从该反馈中学习，这是很重要的。作为领导，重要的是还要避免掉进这样的陷阱，即放下他（她）领导的责任、面对挑战而变成“只是另一个实验室成员”。换句话说，作为 PI，你永远不能只关注你的利益而要关注整个实验室的利益。

参考资料

Barker, Kathy. *At the Bench: A Laboratory Navigator*. Cold Spring Harbor, NY: Cold Spring Harbor Laboratory Press, 1998.

Barker, Kathy. *At the Helm: A Laboratory Navigator*. Cold Spring Harbor, NY: Cold Spring Harbor Laboratory Press, 2002.

Baron, Renee. *What Type Am I*. New York, NY: Penguin, 1998.

Boss, Jeremy M., and Susan H. Eckert. *Academic Scientists at Work: Navigating the Biomedical Research Career*. New York, NY: Kluwer Academic/Plenum Publishers, 2003.

Committee on Assessing Integrity in Research Environments, Institute of Medicine. *Integrity in Scientific Research: Creating an Environment that Promotes Responsible Conduct*. Washington, DC: National Academies Press, 2002, *http://www.nap.edu*.

Goleman, Daniel. *Emotional Intelligence*. New York, NY: Bantam Books, 1995.

Harmening, Denise M. *Laboratory Management: Principles and Processes*. Upper Saddle River, NJ: Prentice Hall, 2003.

O'Neil, John. *Leadership Aikido: 6 Business Practices That Can Turn Your Life Around*. New York, NY: Three Rivers Press, 1999.

Ridley, Matt. *The Origin of Virtue*. New York, NY: Penguin, 1996.

附录1 组成你性格类型的四种倾向

Myers-Briggs 性格类型指示表描绘了四组相反的行为。每个人都倾向于每组中的一种行为，通常使用这种行为的次数多于相反的另一种。

1. 获得能量的方式

外向型 外向型个体注重外部世界，通过与人交往和做事情来获得能量。他们希望有时间谈话、做某件事、发表意见和采取行动。

内向型 内向的个体注意力集中在内部世界，通过思考信息、观点和概念来获得能量。他们希望有时间独处、被征询意见、深思熟虑后进行书面交流、有时间思考和行动前有消化吸收的时间。

举例：在实验室会议中，外向型的人趋向于发言并提出很多问题。内向型的人参与的程度是一样的，但只是在他们的大脑中进行。作为 PI，你也许要让一些内向型的人在会议中谈谈他们的想法。如果做 PI 的你是个很内向的人，你也许倾向于在一对一的会面时给予反馈。

2. 获取信息的方式

理性型 理性型的人注意和相信事实、细节和当前现实。他们需要实际数据、具体细节、与过去的联系、对将来的切实描绘、明确的方针、作用和期望。

直觉型 直觉型的人注意和相信内在关系、理论和未来的可能性。他们需要希望获得整个机理（宏观图）、总的方向、未来前景和参与的机会。

举例：为实验室某个职位面试候选人时，理性型的 PI 会有一套标准的问题，用来向所有候选人提问。他们会需要每位候选人的所有证明材料。另一方面，直觉型的 PI 和候选人进行五分钟的谈话后就“知道”要雇谁了，不管该候选人是否具有全部必要的资质。两种类型的人都必须认识到自己的倾向，并加以考虑。例如，在面试时，直觉型的 PI 应该准备一套标准问题，用来提问每位候选人。另一方面，理性型的 PI 一旦问完了他（她）准备好的一套问题，他（她）应努力使谈话范围发散一些，以发现不能从上述问题中获得的有关候选人的信息。

3. 决策方式

思考型 思考型的人用逻辑的、客观的分析来做决定。他们想要了解变化背后的机理、清楚做决定的过程、理解目标和未来结构，并希望有足够的领导力、公正和公平。

情感型 情感型的人运用以人为中心的价值观来做决定。他们希望认识到决定对人们的影响、满足人们的需要、使所有人参与决策过程、以价值驱动变化、有一位关心、赞赏和支持他们的领导。

举例：大多数科学家主要是思考型的。例如，在决定选一个最合适的研究生做某一课题时，思考型的PI集中考虑谁的技能可以让工作最有效地完成。情感型的PI在给实验室成员分配课题任务时，除了考虑实验技能外，可能还会考虑成员的职业抱负。由于领导职责常常牵涉到人与人的关系，大多数PI感到这方面的工作有困难，因为他们不是天生就是情感型的。即使不是天生的，你可以学着采用一个更加以人为本的方式。

4. 处世之道

判断型　判断型的人倾向于有组织有秩序和快速做出决定。这一类型的人希望有一个简明扼要的计划、定好的结果和目标、有步骤的时间框架、明确的轻重缓急、完成，还有最重要的是不要有意外。

感知型　感知型的人倾向于灵活适应性，并尽可能地保持选择的余地。感知类型的人想要的是开放式的方法，总体参数，灵活性和选择性，信息，调节的空间和与时俱进的方法。

举例：判断型的人会和PI碰头，明确制订出从a做到b的计划，然后这一周剩下的时间用来完成所讨论的任务。感知型的人在会上讨论无限个可能性。在PI的帮助下，他（她）也许能够制订出一个从a做到b的计划，但很可能会偏离轨道，到一周结束时不能完成前面达成的任务。

附录2 绩效评估表

请提前完成A部分，带到会上或发电子邮件给我。会上我们将一起讨论B部分，不过你可能要预习一下相关议题。

A部分　　6个月目标回顾

名字：＿＿＿＿＿＿＿＿＿＿

日期：＿＿＿＿＿＿＿＿＿＿

I. 成就

II. 下6个月目标

III. 长期目标

B部分　　相互反馈

I. 对指导工作的反馈

交流的频率

交流的质量

投入的程度

交流的积极方面

要努力和提高的方面

II. 指导者的评语

工作质量

组织和效率

知识基础

交流技能

工作关系

领导/监督技能

要努力和提高的方面

III. 讨论小结

优势/成就

要努力和提高的方面

科学目标

长期计划

实验室主任：＿＿＿＿＿＿＿＿＿＿

实验室成员：＿＿＿＿＿＿＿＿＿＿

日期：＿＿＿＿＿＿＿＿＿＿

来源：此表由华盛顿大学医学院的 Tamara Doering 制作。

附录3　管理者绩效反馈一览表

开始绩效评估讨论

营造一个真诚、坦率和友好的气氛。这包括

- 回顾讨论的目的。
- 强调这是一个共同讨论，目的是解决问题和设立目标。
- 努力使雇员感到轻松。

进行绩效评估讨论

将重点放在工作绩效和相关因素上。这包括

- 讨论工作要素——雇员的优势、成就和需要提高的方面——并依据上次评估讨论会上制定的目标评价表现结果。
- 准备好要引用评论来说明你要讨论的每一点。
- 鼓励雇员对自己的绩效进行评估。
- 使用开放式、引人深思和引导性的问题来促进思考、理解和解决问题。

在提出你的想法之前，鼓励雇员各自制定出自我发展的计划纲要。在此过程中，你应该

- 努力使雇员树立发展和提高的目标。
- 努力与其达成一个合适的发展计划，详述雇员想做的工作、时间表和你准备给予的支持。

为下一次的绩效评估阶段讨论工作分配、项目和目标，并请雇员准备好在参加评估时提出建议。

结束绩效评估讨论

结束时，你应该

- 总结已讨论的内容。特别注意已达成一致的后续工作步骤。
- 对已制定的计划表现出热情。
- 让雇员有机会提出另外的建议。
- 用一种积极、友好、和谐的语调结束。

来源：此表由HHMI人力资源部制作。

第 4 章　为你的实验室招募人员

为你的实验室配备合适的人员是你所能做的确保你的研究取得成功的最重要事情之一。尽管这一章的许多内容与你招来的所有人都有关，但是本章重点讨论实验室中的四个职位——技术员、博士后、研究生和本科生。本章综述了你在决定人员需求时要考虑的问题，并为帮助你做好招募、面试和评价申请者等各环节提出了一些策略。如果你必须要求某人离开你的实验室，这一章还指导你此时该做什么。

日常管理你实验室成员并使他们的工作富有成效，这方面所需技能的讨论参看第三章“科学领导实验室”。也可咨询你单位的人力资源管理人员——他们的专业知识和资源能帮助你设立绩效要求、保存绩效记录、激励员工并评价他们的表现、处理行为或表现上的问题及处理员工晋升和岗位增加等问题。

开始着手

根据你准备填补的职位以及你单位的人力资源部参与的程度，为你的实验室招募人员的过程会有所变化。由于学术机构中的雇用过程可能是非常拖拉和耗时的，你应该一开始就让你系里的行政管理人员或单位的人力资源部参与进来。

知道雇员和学生之间的差别

区分雇员和学生很重要。一般来说，技术员和博士后被视为你所在大学或研究机构的雇员。他们定期拿工资，要扣税，而且联邦与州法律以及你单位的人事政策都将适用于他们的雇佣关系。另一方面，本科生和研究生只是学生。虽然他们为你实验室工作且可定期获得生活津贴，但是，几乎所有情况下他们与你的关系都是学生和教师，而不是雇员和雇主。在极大程度上，学生在你实验室工作主要是为了获得经验和学会如何做科研，而不是因为他们接受了经济资助。

此外，雇员是被“雇用”和被“开除”，而学生是被“分配”到一个实验室，和从那里“毕业离开”。虽然这可能看似文字游戏，但是，在法律意义上这些关系的细微差别是重要的。

避免歧视

在美国，联邦、州和地方层面的许多法律指导和控制你怎样以雇主代表的身份与其他雇员特别是你所监管的雇员共事。这些法律在许多方面规定雇主/雇员的关系。一个应遵循的非常重要的原则是避免基于个体属于受保护的群体或个体受保护的特点而产生歧视。通常，这意味着你不能在与雇佣有关的决定中（例如面试、招募、选择、雇佣、训练、评价、晋升、处罚或解雇）由于某人的种族、肤色、宗教、年龄、性别、国籍、性取向、婚姻状况、智力或身体残疾或其他受保护的状况而产生歧视。与人力资源部以及你系里相关知识丰富的人一起工作以确保你遵循法律和你机构的政策与程序。

决定你招募人员的需要

你招募人员的决定取决于几个因素，比如你获得的用于启动实验室的一揽子资助，你外部资金来源的稳定性，你研究的进展，甚至你对进行不同实验任务的个人偏爱。一些已有所建树的科学家提醒新入门的PI不要只是为了填充一个空的实验室而匆匆忙忙地雇用人员。在你招人之前，仔细地考虑一下结果。你能招到所需才干的人员吗？你能腾出时间去培养和指导他人吗？记住，你需要给自己保留足够的时间和空间在实验台前工作。

新入门的PI雇用的第一个人常常是实验室技术员。这个实验室成员是个多面手，可以帮助你做耗时的启动性工作，例如登录和装配设备，及处理使你的实验室维持运转的日常工作。虽然以你的预算支付一个初级技术员的工资更轻松，但是雇用有经验的技术员可以帮助训练其他新来的成员，可能使你受益更多。一些有经验的技术员还能对你的研究项目做出实质性的贡献。熟悉你单位行政管理程序的技术员也是极有价值的。

> 在我事业的早期，当我还不能吸引来高水平的博士后时，我把精力放到研究生和技术员上。研究生看来像未加工过的陶泥，他们有机会把自己塑造成突出的人物。
>
> ——Thomas Cech，HHMI

考虑一下，一旦你的实验室运转了并且你有时间用于培训，就招个研究生进实验室。和你的技术员和研究生一起工作可以给你添加智慧灵感，而当每个人都能独立工作时，你就有更多时间写基金申请和做实验了。当你主要的研究项目进展很好，你还有足够多的其他项目时，雇一个博士后，这样你就可以把其中的一个项目交给这个博士后，并让他（她）担负较多责任。

接纳本科生你可要小心些，因为需要花很多时间才能使他们完全成为实验室的一部分。如果你决定接收一个本科生，应考虑把最初的工作任务限于一学期内。期限结束时，再决定是否让这个学生再继续一个学期。（关于与本科生和其他实验室成员共事的其他应考虑的事项，参见第5章“指导和被指导”。）

写职位描述

下一步是为空缺职位撰写职位描述。首先，确定你哪些启动性和正进行的实验室工作需要支持，并排出它们的优先次序。然后，确定最佳完成这些任务所需的资格条件，并且就这个人的时间支配提出大体计划。大多数人力资源部门有你可用作模板的工作说明。记住，这个职位将必须符合你单位确立的报酬和分类体系。如果在你单位，由工会代表特定的雇员群体，这个过程可能会更加复杂。

招募应聘者

广而告之

非正式的方法　设法用口头方式发出招聘消息。理想的情况是，你希望人们找到你。你报告工作的会议和讨论会是接触研究生、博士后以及不在你机构就职的实验室技术员的良好场合。另一策略是在你的网站上发表一个声明，邀请有兴趣和你一起工作的人与你联系。随着你结识你课上的学生，你可能会发现一些人有兴趣更多地了解你的工作，并在你实验室进行一个研究项目。此外，你还可能从应课程要求在你实验室里轮转的研究生中招人。

正式的广告　为了招募博士后，你可以决定在科学期刊上发广告，例如《科学》（*Science*，http://recruit.sciencemag.org）、《细胞》（*Cell*，http://www.cell.com）和《自然》（*Nature*，http://www.nature.com），既发在印刷版中，又发在网站上。其他广告资源有美国实验生物学学会联合会的“事业资源”网站（http://www.faseb.org/careers/careerresource.htm），你所在专业学会的网站，《科学》期刊的 ScienceCareers.org 网站（http:// sciencecareers.sciencemag.org）和专业协会如科学女性协会维护的邮件列表服务器。确保你发布的任何广告都遵循你的机构政策。

你必须提供什么？

作为一个刚起步的研究者，你可能发现招募你所需要的人员，特别是博士后和有经验的实验室技术员是一个挑战。你可以做以下这些事来增加你成功的机会：

- 宣传你的目标　在与申请人谈话时，花时间明确你为实验室设立的目标。你对自己工作和实验室的激情会感染潜在的成员并引起他们的兴趣。
- 交流你的实验室文化　考虑如何创造一个实验室环境，让你和你的成员在里面有效和谐地工作。如果你实验室注重良好沟通、协同合作的观念，它可以成为招聘中的一个卖点。

- 表达你将致力于指导工作　　让潜在的成员知道他们将直接与你一起工作，你有兴趣帮助他们的职业发展。
- 在可能的方面给予机动性　　机动性，特别是任务和研究路线上的机动性会吸引多数工作申请者。
- 对你经费的稳定性提供现实的保证　　潜在的员工可能会意识到支付他们薪金的钱可能会来自你的研究基金。

他们在寻求什么？

实验室技术员　　一个刚启动的实验室可能对技术员们有吸引力，因为他们渴望有机会与 PI 一起紧密地工作，并对学习新技术和在文章上署名感兴趣。对职业技术员来说，最重要的可能是好的薪金和地位（和发表文章相关）。而对于短期的实验室技术员来说，经验，特别是能够帮助他们决定是否去研究生院或医学院的经验可能是更加重要的。

研究生　　研究生时常被新实验室吸引，因为像实验室技术员一样，他们渴望有机会与 PI 直接一起工作。指导研究生可能很耗时，特别是最初的几个月。因此，在你的实验室运转良好，并且你有时间适当与每个学生一起工作时，你可能希望招进第一个研究生。在你的事业早期就细致地指导研究生会帮助你建立良好的声誉，并提高你吸引其他研究生的能力。相反，如果你的第一批研究生在你的实验室有负面的经历，他们会很快将此传给他们的同学，那你招学生的能力就受到严重损害。

> 当我与学生讨论他们应该加入哪种实验室时，我总是告诉他们，加入一个刚开始独立研究事业的人的实验室是一个非常特别的经历，因为在这个实验室中 PI 始终与他们肩并肩一起工作。对实验室未来确切的发展方向总有许多的兴奋和期待。
>
> ——Thomas Cech，HHMI

本科生　　本科生可能想在你的实验室工作，因为他们对研究好奇，也许因为他们与那些在实验室里有过良好经历的同学交谈过，希望弄清楚他们是否考虑读研究生。或者，他们可能想获得学术荣誉、基金或去研究院或医学院的推荐信。努力选择那些要积极为你实验室的生产力做出贡献的本科生。

博士后　　你可能要花 2 到 3 年才能招到一个具有你所期望的资格的博士后。多数博士后被吸引到已有所建树的实验室，因为这些实验室通常是他们事业的更好的“发射台”。不过，有的博士后可能被你的研究领域、你对促进他们的事业的关注，或者你机构的名声和地理位置所吸引。如果你自己的博士后工作有很好的名声，你也许能立即招到高质量的博士后。允许博士后在离开你的实验室时带走他们全部或部分课题的政策也是一个有力的招聘策略。

筛选申请人

对于所有重在科学资质的工作，许多 PI 会亲自对申请人进行筛选，而对于行政职位，可能会依靠人力资源部进行初步筛选。然而，作为刚起步的研究人员，你大概不会收到一堆申请，所以你可能希望自己筛选所有申请者。

当你审阅履历时，根据资格要求核查技能，从中寻找可转换的技能。始终仔细地审核履历——有的申请人可能夸大他们的经验。在雇佣和跳槽中的空缺可能暗示存在问题。

对特定职位的提示

对博士后职位申请者，考虑发表论文的**质量**而不仅是数量，以及申请人的贡献。第一作者的荣誉说明申请人大概是项目的先锋主力。中间作者的位置说明申请人贡献的是实验技能，而对项目的知识构成贡献较少。尽管对一个刚起步的研究人员不太现实，但还是设法找一个有成就记录的博士后——通常是两篇第一作者的文章——这表明他（她）能够获得独立的基金资助。

如果一个技术员对发表文章有贡献，你就应该对这些文章进行评价，以确定这个技术员是否有能力在技术上也在智力上对实验室做出贡献。经验比较少的实验室技术员的履历可能没有显示对发表论文做出贡献的记录或其他显示能力的方面。仔细地检查介绍信获悉他们能力的有关消息。

为了解一个研究生，与曾和这个学生一起工作过的其他人，包括与可能知道该学生在实验课中表现如何的助教非正式地谈谈。和这个学生一起吃午饭，了解他（她）有怎样的表达能力、智力和活力。在选择研究生和本科生时，要记住，总平均分高并不能保证会在你的实验室取得成功。

直接核实介绍信

出于多种原因，包括担心诉讼或伤害感情及保密考虑，人们很少写负面的介绍信。因此，你需要与申请人的介绍人通电话。你可能要事先与人力资源部谈谈你单位有关进行介绍信息核实的政策。

询问介绍人什么问题　当与为申请者提供介绍信的人讨论此申请者时：

- 描述职位和你想要营造的工作氛围。
- 问些短的、开放式的问题，别问一些明显期望对方怎样回答的问题。
- 你可能想问，这个人为什么离开？他（她）可靠吗？你愿意重新雇用这个人吗？这个人的优点和缺点是什么？你对这个人最失望的是什么？
- 探究进一步的信息，并且要求举例。不要满足于是或否的回答。
- 通过询问介绍人的实验室和其哲学观念或许能确定你实验室的价值观是

否与介绍人的一样。这个信息应该帮助你决定他的介绍信有多大分量。

> ### 面试问题的类型
>
> 开放式问题不能用“是”或“否”来回答；例如，“谈谈你自己”，申请人决定回答的方向。
>
> 定向型问题收集关于具体问题的信息；例如，“对于这个职位你有怎样的技能”，面试者决定回答的主题。
>
> 反映型问题收集关于过去经验的信息，可能用来预测申请人未来的表现；例如，“描述你展现出首创精神的经历”。

联系所有的介绍人　你正努力做一个关于某人的决定，而睡眠之外的很多时间你将会和这个人一起度过，因此要确保得到你需要的信息。为了校正任何一个介绍人回答中的偏见，你要确保给所有申请者的介绍人打电话，甚至那些在海外的人。不要依赖电子邮件来核实介绍信——你不太可能得到你正要找的那类信息。

有时，申请人不愿意给出当前导师的姓名，不愿将其作为介绍人。如果是那样的情况，你必须尊重他们保密的请求。然而，你也许应该问一下为什么申请人不希望你打电话。你也可以要求额外的介绍人，给你提供关于此人工作习惯、成就和历史的信息。

通过电话进一步筛选申请人

在邀请任何一个申请人正式面试之前，你可能要先通过电话筛选有希望的申请人。像与介绍人会谈一样，重点询问开放式的问题。对国外申请人，开放式的问题特别有助于确定这个人用英语有效交流的能力。附录（第 80 页）提供了一个示范提纲，帮助你电话面试申请人。（考虑设计一个类似的表格用于与申请人的介绍人交谈。）

面试申请人

邀请申请人访问你的实验室

在你完成初步筛选之后，把你可能的申请人名单缩小到只含有合理数目的有希望的候选人。然后，邀请每个人访问你的实验室进行正式面试。记住，最初的电话筛选面试不能代替这个亲身的面试。（你单位可能愿意支付博士后职位申请人的旅行费用。）除了与你面试之外，应该让申请人非正式地会见你实验室的其他成员，如果这是你第一次雇人，或许可以在午餐或晚餐时，让申请人会见你的同事。还要让申请人在你不在场的情况下与其他实验室成员和同事共处些时间。对于一个博士后职位，要求每个申请人为你实验室或系的成员们做个讲座，然后，收集他们的反馈。

把你对成功申请人的要求和期望告知你请来帮你进行面试的其他人。这样每个人都去寻求同样的品质和技能。

> 博士后候选人在实验室做的报告是关键的。你可以检验他们公开演讲的能力，这种能力很重要，因为在科学界，有很多时候你都是一个推销员。我通常会问他们一些不会让他们难堪但有些棘手的问题——不是想要难倒他们，而只是要确认他们是否思维敏捷，因为作为一个科学家你必须常常那样做。
>
> ——B. Brett Finlay，大不列颠哥伦比亚大学

进行有组织的面试

有组织的面试的目标是使用一套标准化的预先确定的问题，用有效、公正和非歧视的方式，从所有合格的申请人那里收集到关键的信息。你希望给每个申请人一个公平的机会去竞争这个职位。你的问题应该

- 事先拟好大纲，以便你问每个申请人基本上同样的问题。
- 与职位有关，并合法（避免问私人问题）
- 简短、开放式，就像用来核实介绍信的那些问题。
- 有重点、有计划地引出信息（避免问哲学性问题）。

根据每个申请人的反应选择合适的后续问题，并鼓励每个申请人从他（她）自己的经历中举些例子。

要避免的话题

大多违法或构思拙劣的问题都涉及种族、肤色、国籍、性别、宗教、残疾或年龄。你不应问有关性取向、婚姻状况、婚姻计划、怀孕或生育计划、抚养子女的数量和年龄、儿童保育安排，或者其他与工作无关的问题。记住，与工作有关的问题是你确定技能和资格的唯一恰当方法。你单位人力资源部对于面试期间要避免的话题会提供更多的指导。

设计面试的问题

当你设计你的问题时，思考如何确定申请人是否有你所需要的知识、技术和个人品质。回顾你先前撰写的职位描述、申请人履历和你与介绍人的谈话记录，找出任何需要在面试时澄清的事项或信息空缺。

> 我问他们：“为什么你希望来这个实验室？你感兴趣的是什么？你想从事哪个领域的工作？”我在寻找那些说他们想要扩大他们视野的人，而不是那些想要继续做同样事情的人。
>
> ——B. Brett Finlay，大不列颠哥伦比亚大学

面试问题示例 Kathy Barker 的 *At the Helm: A Laboratory Navigator* 一书中（见第 78 页“参考资料”，中译版名为《生物实验室管理手册》，科学出版社 2005 年出版）列出了一系列通用问题及那些针对具体实验室职位和确定具体个人性格的问题。此外，你可以根据你面试的职位对下列问题进行调整以适合你。

经验和技能

- 告诉我你最突出的成就。
- 告诉我，在你实验室进行的一个具体项目或者实施的一个新方法或技术中你所起的作用。
- 我看见你用过（插入具体技术或方法的名称）。告诉我它的特点和好处。

责任感和主动性

- 为什么你希望在我的实验室工作？
- 你认为自己五年后处于什么位置？
- 你希望做哪种课题？为什么？
- 告诉我，你怎样跟上你领域的进展。
- 描述你负责一个课题的经历，以及你认为你取得的成就。
- 告诉我，一个需要你发挥主动性的项目或情形。

工作和学习的风格

- 你工作时什么能够激励你？
- 你宁愿同时从事几个项目呢还是一个项目？
- 你是从书本上，还是从实践经验，或从他人那里学习得更好？
- 告诉我一个要求你作为团队一分子去工作的项目。这个团队努力的结果是什么？
- 你如何看待中断课题研究而花几个小时去帮助别人？
- 如果你在实验室遇到问题，你是要求别人帮助你呢，还是试图自己处理它？
- 你可能被要求在下班以后或者周末工作。这会有问题吗？

时间管理

- 你如何区分你工作的优先次序？
- 如果你有两项工作都要花时间优先做，你会怎样做？

做决定和解决问题

- 在你当前工作中最大的挑战是什么？你怎样处理的？
- 告诉我你的一次经历，你做了一个决定，而这个决定产生了意外的（或非期望的）结果（可好可坏）。
- 给我举一个这种情况的例子，在做某决定之前，你发现需要征集其他人的意见。

人际关系的技巧

- 受同事们的欢迎对你有多重要？为什么？

- 如果你从小道消息听到某人不在乎你，如果要作出回应，你会怎么做？
- 告诉我你的工作受到批评的一次遭遇。你是如何弥补那种情形的？
- 描述一个你喜欢和尊重的科学家。你喜欢这个人什么方面？

文化差异 你可能发现自己正在考虑的申请人来自不同的文化背景，其观点，如有关自我推销、合作和防卫等方面的观点，可能与美国通常持有的不同。要了解更多的文化因素，见第5章“指导与被指导”。为了确保你公平地考虑所有候选人，参阅 Kathy Barker 的 *At the Helm：A Laboratory Navigator* 一书，书中作者列出了你可以问候选者的一系列有用的问题，包括：

- 你站在一组人面前并描述你的个人成就，你对此感觉如何？
- 如果有一个更资深的实验室同事以你的项目居功，你怎样反应？
- 如果你不理解某件事，你是不是坚持请求帮助，即使 PI 已经恼火了？

> 我最喜欢的问题是：“从现在起五年后你希望在做什么？从现在起十年后呢？你希望在哪个领域工作？”这些问题能让我了解到这些申请人对希望从事的工作做了多少思考，有多大的投入，在这些方面他们的成熟度如何。
>
> ——Gail Cassell，美国礼来公司

进行面试的技巧

在你开始之前，努力让申请人感到自在。做点适当的闲聊，提供点饮料，对申请人能够顺利进入到遴选这一步表示赞赏。记住，申请人也在决定他（她）是否希望为你工作。

- 营造职业性的友善，但是避免社交的气氛：
  - 解释面试是怎样组织的。
  - 简短描述遴选的过程。
  - 概述空缺职位的职责。
  - 告知你对这个职位的期望。包括在你看来显而易见的价值观，例如你坚持实验室安全和科学严密性。
  - 记住要避免的话题。
- 记点简单的笔记。记录对问题的真实回答，而不是评价性或结论性的评语。
- 仔细地听。交谈中讲话以申请人为主。
- 对沉默显示出高度宽容。让申请人有机会思考，针对你的问题做出一个深思熟虑的回答。
- 让申请人有许多机会提问题。这会使你洞察对他或她来说什么是重要的。
- 决不要作许诺或承诺，即使那些对你来说是没有问题的承诺。

- 询问申请人他（她）离开现有职位的时间表，即使你在电话面试时已问过这个问题。
- 在结束面试之前，做下列的事：

  给申请人一个机会补充任何他（她）认为对你做决定很重要的事情。

  使申请人了解此后的步骤，例如另外的面试和雇佣的时间表。

  感谢申请人所花费的时间。

特殊考虑

这一部分与面试技术员、博士后和其他实验室专业人员特别有关。

怀孕　在面试期间，如果一个很合格的申请人告诉你她怀孕了，记住，因某人怀孕而歧视她是违法的。关于产假允许有多长及是否带薪休产假，你对这个申请人做任何说明之前，要熟悉你单位关于产假的政策。同样地，你单位会有父亲陪产假方面的政策可能适用于申请人。

签证　如果你正在填补一个博士后空缺，且正在和国外申请人打交道，记住有关签证的规定和要求很复杂多变。从申请人的角度来说，更想得到某些签证类型（例如，因为它们允许同时申请美国永久居住权）。而从雇主的角度来说，更希望是其他签证类型（例如，因为它们更容易管理）。对任何类型签证的特别考虑可能包括安排配偶和其他家庭成员的签证、返回原国的要求和雇佣方面的影响。记住，获得签证的过程可能会很慢很长。（鉴于美国提高了安全考虑和调查级别，获得去美国旅行的签证已变得更加耗时。）

咨询人力资源部和你单位的国际事务办公室，以及你们系的行政管理人员以了解有关签证的规定和要求。他们也能帮助你决定某个申请人最合适哪种签证。你还可以从美国国务院（http://travel.state.gov/visa/visa_1750.html）和美国公民事务及移民服务局（以前称移民归化服务局，http://www.uscis.gov/graphics/index.htm）核查最新信息。http://www.visalaw.com 网站可能也有帮助。在 Kathy Barker 的 *At the Helm: A Laboratory Navigator* 一书也提供了简要的签证入门。

此外，设法考虑一下如果某个博士后表现糟糕迫使你让他离开你实验室时会有什么后果（对你和申请人）。因为这是移民法律中一个极为复杂的领域，你要咨询单位的人力资源部或法律部门并遵循他们的建议，这是很重要的。

评价申请人

在你开始评价一个申请人之前，确保你掌握了所有必需的信息。处理所有你在面试以前未能完成的对介绍人的访问。收集其他见过申请者的人的意见。如果需要的话，从你的系和人力资源部寻求指导。

保持客观性

与任何需要对人际交往中行为加以诠释的情况一样，客观评价可能是困难的。不过，要设法避免下列情况：

- 过于依赖第一印象。
- 面试中，未问完所有问题就过早做决定。
- 因为申请人与职位本身无关的一个缺点而降低对他的评价。
- 让一个优点遮蔽你对所有其他特点的洞察力，有时被称为“光圈效应”。
- 将申请人与你自己作比较来进行判断。
- 将申请人相互比较，而不是用选择标准来比较（例如，如果你一直面试的是资历较差的申请人，你也许会给一般资历的申请人打高分）。
- 使与面试没有直接关系的因素影响你对申请人的评价（例如，你可能在很疲倦的时候面试）。

要寻找什么

除了决定申请人是否有在你实验室顺利工作所需要的资格之外，你还应记住以下几点：

- 考虑一下“相互感觉”。首先和最重要的是注意你对这个人的直觉反应。找一个对乐于与他人相处且能相处愉快的人。
- 确定这个申请人是否很合适。记住，你在建设你的团队，需要有技能且个性适宜的人顺利完成任务。要找有良好绩效记录并证明有能力学习新技能的人。
- 寻找一个对科学有激情和富有职业道德感的人。热情、乐观进取和肯干额外工作是关键的品质。
- 核查申请人的职业计划。了解申请人在 5 或 10 年内想要做什么可以让你洞察他（她）的科学成熟度和创造力，以及他（她）对特定研究领域的专注程度。
- 确定这个申请人保证遵守良好的研究行为规范。现在，由于专利和其他法律问题，保持记录和汇报结果比过去更加重要。坚持要让任何你所考虑的人都具有最高标准的科学诚信。

> 如果实验室成员对他们是否能与某人相处持保留意见，我也许不会招进那个人。
>
> ——Tamara Doering，华盛顿大学医学院
>
> 如果有人看来似乎不能与之愉快共事，我会以此为理由拒绝他。即使他有许多文章并且看来很聪明，但我认为你对雇用他可能还要再考虑考虑。
>
> ——Thomas Cech，HHMI

危险信号

面试中提示你注意可能存在问题的警示信号包括：

- 不愿意对某件错事负责任。
- 抱怨导师和同事。
- 要求别人没有的特权。
- 拖延回答问题，挑战你的问题，或者回避回答它们（幽默或挖苦可能是逃避回答问题的手段）。
- 除非你一直无礼，否则对面试问题做出愤怒的反应是绝对不适当的。
- 你所听到的和你看到的不一致（例如，眼睛向下看和无精打采不是一个充满渴望和自信的候选人的标志）。
- 企图控制面试或其他不适当的举动。

做出录用决定

这一节与雇用技术员、博士后和其他实验室专业人员特别有关。

在你做出录用决定之前，与你们系核实了解一下职位的哪些条款是可以谈判的，以及是否由你负责谈判。人力资源部或你们系应当提供你这个职位在单位内的薪金范围。在有的单位，由人力资源部决定你可以支付的起薪。在另一些机构，你在适于该职位描述的预设范围内可能允许有些回旋余地。

一旦你确定了希望雇用的人，用电话和他（她）联系，告知他（她）雇用决定，并讨论开始日期、薪金和其他雇用条件。（确保先与人力资源部核实以确定是由你还是由他们安排联系，并论及这些问题。）

通知所有的申请人

首先，通知你选中的人。如果他（她）拒绝被录用，你可以换到你的第二个选择。

一旦你找到人填补了这个职位，告知其他申请人。对于你不雇用的申请人，不需要给他们明确的理由。然而，你可以声明所选择的候选人有更好的资历或更相关的经验，或者你们的政策规定不能透露这个信息。与人力资源部和你们系的行政管理人员核实这方面的政策。

录用信

在你通过电话与选择的候选人确认职位细节之后，你单位将发送正式的录用信。通常，它确认录用条件，包括开始日期和薪金。与人力资源部和系里的行政管理人员协作决定要列入哪些信息。

一封发到外国的录用信可能需要包括更多的信息。例如，它可能需要清楚地说明雇用的前提是这个人必须能够得到在美国工作的许可并保持这个许可有效。

人力资源部或你系里的行政管理人员会帮助你正确理解这类情况下的政策。

要求职员离去

尽管你已做了所有能做的最大努力，你可能还是会要求某人离开你的实验室。在考虑解雇之前，确保你已经试过各种方法帮助这个人在你的实验室取得成功，包括提供科学技术方面的帮助和针对行为问题进行咨询。同时，要能肯定你的不满是基于客观的观察，而不是你的个人偏见。

设法确定你认为这个人是到另外的实验室好一些，还是该考虑另外的职业。对于学生和博士后，这通常意味着你要与那个人以及他或她的指导老师或研究生委员会谈谈。如果你确实相信这个职业不适合他（她）的才能或个性，你最好向他（她）建议研究不适合于他们。你可以给那个人鼓励和选择。例如，《科学》的 ScienceCareers.org 网站为生物科学背景的人提供了一系列职业选择（http://sciencecareers.sciencemag.org）。

关于管理者应该如何解决实验室中的表现或行为问题并没有硬性规定。然而，要记住以下几点，特别是如果你正在考虑让某人离开时，更要记得：

- 要公正。
- 不要让人感到意外。

要做到公正，你必须通过某种途径让实验室成员们了解到不令你满意的表现。确保让这个人知道你的关注，并让其有个合适的机会做出反应并使情况好转。

做记录

你应该勾画设定出你对实验室内每个人的成绩和行为的期望。针对雇员的这个过程比针对学生的更为正式。

对技术员、博士后和其他专业人员，工作期望应该明确制定。如果你只是在心里希望你的雇员完成什么并如何完成，别指望他们能理解。与每个人谈话时做好记录，以便你能够跟踪检查你自己的努力，并确定员工是否已达到期望要求，如果一个实验室成员不能达到期望要求，要保证用文字记录下你为帮助这个人改进工作表现或者为准备一个新的职业而做的努力。万一你最终不得不解雇这个人，这些记录可以有助于避免外部对你决定的质疑。

> 当博士后不适应现在的工作时，我设法帮助他们找到其他职位。有时，他们认识到这不是适合他们的地方，就会自己去找其他工作。我说："你希望从事什么呢？让我们看看我们能够做什么。"人与人是不同的，有时事情进行不好时，不要为此去辩解。重要的是帮助人去做他们认为有价值的事情。
>
> ——Suzanne Pfeffer，斯坦福大学医学院

发出警告

你应该冷静地私下里发出警告。倾听雇员的观点和解释。为解决问题提出一个计划，这个计划要带有基准和时间表。你可能要以书面形式表达你的行动计划。如果你事先通知过，在你对不能令人满意的成绩或行为采取有力的行动时，雇员就不会感到意外。

如果你决定解雇

工作方面存在严重问题的雇员有很强的破坏性，特别在小实验室，会极大地妨碍研究的进展。虽然决定解雇一个人不是容易的，但那些解雇过员工的研究者说，回想起来他们最大的错误就是没有早点这样做。

为了对你自己和你的员工公正并避免诉讼，绝不应当突然解雇，除非缘于十分严重的错误行为，如明显的欺诈或工作场所的暴力。始终避免当场解雇。你应该想办法平息事态，使你不会急躁行事。在你考虑这个状况的短时期内，也许可以选择带薪停职或停薪停职。如果你决定解雇是你唯一的解决方案，尽快与人力资源部商量，确保你遵守单位和法律上关于解雇的规定，并正确记录你的行动。

在开除某人以前要问你自己的问题　人力资源专业人士建议，如果情况允许，在行动之前你要问自己下列问题并且记录每个行动：

- 你给这个人至少某种方式的通知或警告了吗？
- 你向这个人明确他（她）做错的事了吗？
- 在学习新的或困难的任务中这个人得到过建议或帮助吗？如果得到过，得到多少？
- 你正在（或者你曾经）区别对待这个人和实验室其他员工吗？
- 你在遵循法定程序和单位的政策？
- 人事档案中的文件支持解雇的理由吗？

理想的情况是，你对所有的实验室员工进行了定期公正的绩效检查，现在你就可以用这一记载帮助支持你的决定。（有关进行绩效检查的讨论可见第 3 章“科学领导实验室”。）

如何解雇　从你实验室解雇任何人都是一个机密事件，并且在解雇之前或之后都不应当与实验室的其他人讨论。宣布解雇的会谈应当由做 PI 的你，在你的办公室里以私密和尊重的方式进行。（如果你不明确如何进行，或者你怀疑你的雇员可能有不当的行为，你始终可以请求人力资源部帮助。）

准备解雇谈话　写出讲话稿，练习它，直到你能够自信地传达这个信息。要记住，在解雇谈话期间所说的话都可能成为后来被质疑的一些把柄。记得要

- 有礼貌。
- 紧紧围绕即将谈的事宜。迅速切入要点。简短而明确地解释决定。不要向雇员道歉或与之争论以努力证明你的决定是正当的。

- 避免指责。
- 安排他（她）把科研材料、设备以及消耗品归还给你，包括实验室记录本、操作规程书（除非它属于个人）、克隆、细胞和进行中的实验清单及钥匙。
- 让雇员有机会发言，密切关注他（她）所在说的内容。
- 指示该员工去人力资源部或负责的办公室讨论可得到的利益。
- 文字记录这次会谈，并且将其转成非正式或正式的备忘录归档。
- 努力用诚恳的话语告别。科学是一个小小的社区，你们的道路可能再次交叉。

解雇信和介绍信　　作为最终文件的一部分，你的单位或州法律可能要求有一封解雇信。此外，你可能被要求，或者你可能愿意提供一封介绍信。向人力资源部核查有关的适当程序。

签证方面的考虑事项　　在解雇外籍员工之前，向人力资源部或你系里的行政管理人员咨询关于签证的问题。确信你在法律上没有责任继续给已不在你实验室工作的人支付薪金。同样地，在你雇用某个有签证的人之前，最好了解这些要求。

参考资料

Austin, Robert D. "Managing Knowledge Workers." ScienceCareers.org (April 26, 2002), *http://sciencecareers.sciencemag.org/career_development/prevous_issues/articles/1470/managing_knowledge_workers.*

Barker, Kathy. *At the Helm: A Laboratory Navigator*. Cold Spring Harbor, NY: Cold Spring Harbor Laboratory Press, 2002.

Federation of American Societies for Experimental Biology. Career pages, *http://www.faseb.org/careers/careerresources.htm.*

Harmening, Denise M. *Laboratory Management: Principles and Processes*. Upper Saddle River, NJ: Prentice Hall, 2003.

HRhero. "The Art of Firing," parts 1, 2, and 3, *http://www.hrhero.com/topics/fire/fire-art1.shtml.*

Rehrig, Norita H. *Six Steps to Successful Interviewing: How to Build Your Reputation by Picking the Winners*. Bethlehem, PA: College Placement Council, 1990.

Siering, Marlene. "Hire the Best." *Denver Business Journal* (November 17, 1997), *http://*

www.bizjournals.com/denver/stories/1997/11/17/smallb2.html.

University of Michigan Employment and Executive Services. "Conducting a Successful Employee Selection Process," *http://www.umich.edu/~hraa/empserv/deptinfo/empsel.htm.*

University of Michigan Employment and Executive Services. "Electronic Recruitment Resources," *http://www.umich.edu/~hraa/empserv/deptinfo/electronic.htm.*

Varnadoe, Lionel A. *Medical Laboratory Management and Supervision: Operations, Review, and Study Guide. Philadelphia*, PA: F.A. Davis Company, 1996.

附录 电话面试提纲

日期：____________________

候选人：____________________

PI 的提问（用开放式的问题，要求举例回答）

为了解我们是否合适，让我知道你要找什么样的职位。

你对这个职位的目标什么？（短期期望、长期计划）

告诉我你作为科研人员的一些情况：

- 你的优点是什么？
- 你的缺点是什么？
- 你想学习什么？
- 你对导师有什么期待？

你喜好什么样的交流方式？（和我，和其他人，参与共同的项目）

时间安排，当前职位

签证状况

PI 评语

背景、兴趣、目标

我们正在从事的项目

我正在寻找什么

我期待什么（热情，有兴趣，易于沟通，努力的工作者，负责任）

我将给予什么（一同工作，帮助，交流，通过交流讨论目标支持其事业，提供多长时间的经费资助）

大学、系、城镇

时间安排，约束条件

来源：该面试表改自华盛顿大学医学院 Tamara L Doering 制作的表格。

第 5 章 指导与被指导

作为一个 PI，你可能要雇用技术员，承担指导研究生的职责，并接收几个博士后。此外，你教的本科生们可能会寻求你对他们科学事业方面的指导。你实验室外的年轻科学家可能也开始找你。这些人都指望你能指导他们。与此同时，为了你自己持续的事业发展，你将继续需要别人的指导。本章描述指导的过程，重点描述对你实验室成员的指导。同时，本章还就指导者和学员双方应有的个人品质和行动计划提出了建议。（注：这一章中，你所指导的人被称为“学员”，尽管不是每个受你指导的人都在你的实验室接受训练。）

什么是指导？

科学指导是指更有经验的科学家与初级科学家或准备成为科学家的人之间个人的、一对一的关系。学员向指导者袒露能力和观点，并接受指导者对其事业发展所给予的指导和鼓励。指导关系通常由存在较大经验差距的两方形成——如，教授对学生——但也可能在同侪或接近同侪的人之间建立。例如，一个生物学背景的研究生可以在实验室工作方面指导一个数学背景的研究生，或者一个研究生可以指导一个本科生。

指导者通常包括那些被正式规定对初级科学家或学生的工作负责的人，例如 PI 或正式的指导老师。然而，有直接规定外的指导者也是很重要的。当正式的指导关系变得紧张，或者学员个人的或专业的兴趣与正式指导者不同时，这些指导者在提供指导方面就会特别有帮助。

指导不仅对学员有好处，对指导者也有好处。作为指导者，你在帮助培养下一代科学家的过程中得到个人满足。你的科学成就也被你所指导的那些人发扬。当你的学员从事新计划时，你也很自然地可以跟上最新科学进展。此外，随着你的学员拓展他们的专业范围，你的工作关系网也得以拓展。

好的指导者应具备的特性

好的指导者通常拥有下列一些个人品质：

- 容易相处　办公室的门开着，态度平易近人。
- 善解人意　体会洞察学员正经历着什么。
- 思想开明　尊重每个学员的个性，尊重与你自己不同的工作风格和事业目标。
- 坚持一贯　坚持按照你自己的既定原则行动。
- 耐心　意识到人们会犯错误，而且每个人都以他（她）自己的速度在成熟。
- 诚实　能够实事求是地交流外部世界的情况和学员拥有的机会。
- 实际知识　关注事业发展的实用方面。

指导中的机密性

作为一个指导者，你也许会了解许多别人不知道的关于你的学员的信息，从他们过去的专业成就和失败到他们的人际关系和经济状况。你应对所有信息保密。你的学员应该感到，无论他们和你分享怎样的问题他们都能够信任你。

指导者的职责

指导需要付出大量的时间和精力，同时怀有良好的意愿。你相当多的时间必须分配给每个学员，而且你必须准备好去获取学员所需要的资源。此外，你应当用你的经验和联系帮助学员建立起一个工作关系网。

问：我怎样拒绝做某人的指导者？

答：要友好：想象自己处在你的请求者的位置。专心地听他们讲，给出有关你自己的局限性的理由。然而，要明确而坚定。不要引起误解。建议其他可提供帮助的人选，但要预先与可能的指导者核实一下。

选择指导谁

你必须针对每个具体情况逐一判断，决定建立哪些指导关系以及深入到何程度。有一些人，你很明确地要对他们负责，例如在你实验室工作的人。你授课的学生对你有所期望也很合理。其他人，你实验室或所授课程以外的人，可能来找你寻求建议。有些人比其他人更有前途，你希望培养他们的才能。一些人的兴趣与你的密切相关，对你来说很自然地希望与他们一起紧密地工作。还有些人在某些方面很有希望，但还需要指导，例如，他们的技能未能充分发展或者需要帮助使得他们能集中方向进行努力。和你实验室的人在一起时，重要的是要公正和避免偏爱。和你实验室外的人在一起时，你需要避免使自己承担过多义务或者提出一些你不能实现的预期。

确定你作为指导者的作用

一般来说，指导者提供促进学员事业发展所需的任何帮助，但不一定成为朋友。你应该教授技术技能，对科学中的政治面给予建议，提议建立工作关系网的机会，但是，你大概不应该对个人事务提建议。情感问题时常和一个人的工作相关，你可以提供精神支持，但是，一个好的指导者会谨慎地涉足其间。

> 教训之一是：我的职责不是成为他们最好的朋友。我的职责是成为他们的指导者，是成为他们的老板或管理者……在我曾经设法运转的一个专业实验室里，我有过这种平等主义意识，我也希望成为每个人的密友……但我逐渐意识到应采取另一种方式——保持一点点距离。明确我是这个实验室的头，事情会进行得更好。
>
> ——Charles Murry，华盛顿大学医学院

指导者 VS 顾问

理论上，指导者有多重职责——做顾问是其中之一。研究生院理事会（http://www.cgsnet.org）认为指导者是

- 顾问　有职业经验，愿意分享他们知识的人。
- 支持者　给予感情和精神鼓励的人。
- 指导教师　对某人的表现给予具体反馈的人。
- 师傅　学徒的雇主。
- 资助者　提供有关机会的信息并帮助获得机会。
- 职业榜样　要成为一个学术或专业科学家就应该成为的那种人。

实际上，任何一个人都不太可能完成所有可能的指导任务。由于这个原因，许多人争论指导者一词应该广泛地用来表示一个用他（她）个人和（或）事业发展中的一个或多个方面去帮助另一个人的人。从这个意义上说，学员被鼓励去寻求不同的愿意承担上述某些职责的人的指导。

在你实验室进行有效指导的策略

令每件事物都成为学习的机会

把指导看作为高度个性化的教学模式是有帮助的。你希望在你实验室内建立一种“教育文化”，这样每个人都能积极寻求他（她）做好科研所需的任何东西。

设定明确的目标和实现措施

与每个人一起工作——在评价表现时，在实验室会议过程中，以及在检查他（她）工作的其他场合——设定明确的目标和实现目标的措施。下面是一些例子：

- 对博士后或学生，你可能希望设立一个发表论文的目标。它应当有期限要求。
- 对博士后来说，找工作的目标也许很重要。你可以说："下个月前，把你想要申请的地方列个单子给我。然后，我们可以谈谈怎样准备你找工作时需要做的工作报告。"
- 让技术员确定他们需要的新技能（例如，使用新的装备或软件）。给他们时间去学习，给他们机会去上课或者寻求别人的帮助。然后，在员工会议上要求他们展示他们学到了什么。

有些情况下，你可能不得不推动人们一下去设立他们的目标。还有些情况，人们的目标可能很明确，但是与你实验室的总体目标不完全吻合。如果你能够的话，给他们一些空间去探求不同的选择，并提供任何你所能给予的教育和建立工作关系网的机会。如果他们感觉到你是为他们和他们的未来幸福着想，他们在和你在一起时会更加开心和富有成效。

鼓励战略思考和创造

你实验室的学员，特别是新来者，可能没有经验来判断对一个没有进展的实验或研究课题还要做多久的努力。作为 PI，你必须决定什么工作是最重要的，一个既定的课题要做多久，什么资源可以分配给任何特定的工作。作为指导者，你应该向你的学员解释你做出决定的根据和重要性。这样，你就给出了具体的战略思考的例子，使你的学员做好准备，当他们负责自己的研究计划时，他们必须要做出类似的决定。

给学员足够的创造空间也是重要的。不要太急于解释数据或给予解决问题的方案。让你的学员先打头阵。考虑周到一些，并提出探索性和指导性的问题。这样做，你使你的学员做好准备独立完成项目，而你也从他们的见识和创造中获益。

> 如果你对学生和博士后的生活就是要严格管理，你的实验室可能会很有生产力，但是，你可能失去无意中获得一个重大发现或新的科研方向的机会。
>
> ——Thomas Cech，HHMI

维持职业标准

那些刚从事研究的人的专业标准和习惯还正在形成之中。他们将和你一起工作数月或数年，并学习你实验室里的做事方式。为你自己和你的员工设立高标准，确保你的实验室为学员提供一个提倡鼓励、纪律严明的环境。有经验的实验室领导者列出了以下要素：

- 鼓励良好的时间管理技能。同时，尊重个人的工作模式。（见第 6 章“时间管理”。）
- 明确表明你的期望。在人们没有达到这些期望时，要让他们知道。（见第 3 章“科学管理实验室”。）
- 用不令人羞愧和气馁的方式提出批评。
- 要及时了解实验室记录的情况。这是一个关键的管理职责，也是指导的一个方面。作为 PI，你有责任注意你的人员对他们的工作进行一丝不苟地记录，并达到管理要求。这个习惯会使他们以后受益。通过经常检查实验室记录本，你也可以提防伪造数据。（更多有关保持实验室记录的内容，见第 8 章“数据管理和实验室记录本”。）

传授技能

采取以下措施鼓励你的实验室人员去学习新技能：

- 让每个人都参与发表科学论文和书写基金申请书的过程。你工作的一部分就是教授你的学员如何写出可以去发表的科学论文和成功的基金申请书。对于论文，让第一作者写第一稿，然后在实验室里传阅评议。对于基金申请书，让每个人写一块，然后每个人评议整合在一起的草稿。通过这样做，每个人将会得到宝贵的经验，并且有机会认识实验室活动的宏观面。
- 传授技术技能。作为管理者，你需要知道你实验室每个成员所具有的技能套路，并且，为了他们的也是你的利益，确保每项重要的技能传授给实验室的多个人。
- 清楚地教授实验室管理方法。授予实验室人员管理职责。例如，让他们协商共用实验室的仪器设备，或者列出一个实验室成员可以轮流负责的实验室常规工作的清单。

> 我有一个分级别提供机会的体制。例如，（研究生和博士后）必须写他们自己的会议摘要和论文。在研究工作被发表时，他们必须在实验室会议和系里的讲座中报告。如果他们去参加会议，他们回来必须做会议的总结报告。如果他们这些任务做得很好，我就让他们与我一起评审论文稿件，提出评语，供我选择加入到最终的评审意见中。对他们的最高赞赏就是代表我出席会议。
>
> ——Milton Datta，威斯康星医学院

提供机会发展工作关系网

你给你的学员带来的最重要的利益之一就是介绍他们进入你领域中的科学家工作关系网。你的名声为那些与你相关的人敲开了门，而如果没有你的参与，那些联系很可能是达不成的。因此，采取步骤进行引荐，这包括：

- 允许学员会见应邀到你单位举办讲座的人。
- 带学员和你一起参加会议，并把他们介绍给你的同事。
- 鼓励学员用你的名义找你的同事讨论科学事务。
- 在学员做好准备时，鼓励他们在会议上做报告。

给予精神支持

你可以帮助你指导的人评估他们自己的潜力并制定他们的人生规划。为了这样做，你必须给予支持，且诚实对人。设法告诉你的每个学员，你对他（她）有责任，如果问题出现，你会很关心地帮助解决，并且愿意做你能够做的每件事情。

不同的指导需求

每种类型的实验室工作人员——例如，本科生、研究生、博士后和技术员——都处于不同的职业轨道。当你与他们一起工作时，你要记得他们的轨道和他们在那条轨道上的位置。

指导本科生

科学事业的种子在本科阶段甚至更早就播种下去了。你可以邀请有前途的本科生参与研究，选择一些独立的研究课题，或者让他们做一些有报酬的工作。认真对待他们的工作，并为他们设立高标准。你可以让一个研究生或博士后对他们进行日常指导，但在监督他们的训练和他们实验室工作的总体流程方面，你还是应该发挥很大作用。要记住，当他们的研究进行得不顺利时，这些刚入门的研究者可能需要额外的鼓励。

指导研究生

在科学领域，与在其他领域一样，研究生院与大学本科有很大不同。大概最重要的区别就是，对本科生的期望主要是致力于吸收知识，对研究生则期望他们开始做出他们自己的贡献。指导者应帮助新来的研究生实现这个转换。一个研究生可以有几个指导者，但是最重要的指导者的是他们工作的实验室中的 PI。

研究生的典型轨迹如下：

开始年份　PI 的任务是提出一个工作中心——一个连贯的研究计划。研究生会面临艰巨的学习任务。必须学会基本技术，通过综合考试，还要选择好论文主题。PI 密切注意研究生的进程。研究生的成功取决于 PI 有效的指导。

中间年份　这些年中的某些时候，学生可能会为他（她）的论文而苦苦挣扎。PI 要提供精神支持和建议解决科学问题的方法，帮助学生摆脱消沉。至此，学生已学了许多，应当与同事、更年轻的学生及博士后分享信息和技术了。教授他人是一个学习的好方法。

最后年份　学生在为下一步事业历程做准备。论文应快完成了，对博士后职位的寻找也应该在进行之中。他们会请 PI 写推荐信，PI 也许还要请更积极地帮助找工作。其他指导者，如论文顾问委员会的成员可能也会被请求帮助找工作。

指导博士后人员

博士后处于过渡阶段。一方面，他们是经过良好训练的专业科研人员，在有限的一段时间内在你的实验室工作，在你和他们共同感兴趣的领域内从事研究。另一方面，他们还没有真正完全地专业化，因为做过博士后常常是获得学术职位的前提。因此，你指导博士后的任务是复杂的。

记住，你可以花在帮助你博士后的时间是有限的，因此，要高效地使用那些时间。此外，想办法让他们互相帮助，或获得其他途径的帮助。

在指导博士后的工作中上你必须找到一个微妙的平衡。虽然博士后正在从事你的项目，你还是必须把他们视作为合作者，而不是需要密切监管的雇员。鼓励他们并帮助他们设立研究和事业目标，但是，要让他们有充分的独立性，以便他们“拥有”他们的项目。

在涉及更大范围的学术界政治事务时，你的确有给予保护的职责。你的博士后还年轻，政治上没有经验，易受伤害。你需要了解外界的竞争。准备好使你的博士后驶离那些可能导致与其他研究者冲突的项目，这些研究者已经在做类似的项目了，或者可能会在你的博士后之前发表结果。

如果一个博士后没有像你希望的那样做出结果，鼓励他（她）做出改变。你也许能帮助该博士后找到更合适的职位。但即使你不能，也应该让沮丧的博士后离开以换个地方工作，此事宜早不宜迟。（见“要求职员离开”——第 4 章“为你的实验室招募人员”，第 76 页。）

如同与所有学员一样，与你的博士后讨论事业目标很重要。不是所有的人对学术职位有兴趣或具有竞争力。对于具备者，帮助他们开展一个课题，可以在他们离开你的实验室时一起带走，去建立他们自己的实验室。或者，你也可以让你的博士后从你的实验室带走一个课题进行研究，在一特定时段内（例如几年内）你不会和他开展竞争性研究，但要让他理解过了那个时段，你的实验室可以在同样的领域继续研究。

在帮助你的博士后找工作方面你发挥着巨大的作用。留心职位的空缺，指点他们找工作的过程，指导他们在面试中如何做工作报告，并尽你所能给他们最好的推荐信。有时，在他们找工作不顺利时，你也许要让他们在你的实验室待得比你预期的时间长一点。在这个困难时期，不断说些鼓励的话。在他们走了以后，和他们保持联系。他们将成为你工作关系网中越来越重要的部分。

医师-科学家特殊事项

怎样指导医师-科学家

医师-科学家的职责特别复杂而又需要平衡：照顾病人，在实验室做实验，以及达到人体研究的管理要求。结果，他们也许不能像他们的 Ph. D. 同事们那样有那么多连贯的时间在实验室工作。然而，医师-科学家的优势是有临床根基。作为指导者，你应当理解医师-科学家面对的独特挑战，并重视他们的优势。帮助你实验室的医师-科学家建立优先次序并发展有效的时间管理技能。如果你不是医师-科学家，安排他们联系在这些能力上能够帮助他们的人。此外，鼓励你实验室的医师-科学家利用他们的临床根基。例如，他们可以遵照一个简单的方案，在门诊或医疗工作中登记一些病人。他们可以收集带有人口统计数据的调查问卷的答案，或者获得临床表现、进程和治疗反应的相关数据，以及收集相关的血清和组织样本。即使这些标本对你没有用处，但是如果它们收集得很好，并且来源界定明确，那么它们可能对某个人是有价值的，这个人或许是你系里正在验证某个假设的同事。利用医师-科学家的临床根基可以补偿时间上的不完整性。另外，临床工作使医师-科学家有时能发现一些联系，这些联系是那些训练范围较窄的人可能无法发现的。作为指导者，你应该充分利用这种视野。确保在实验室提出向临床转化或与临床相关的问题，并交给医师-科学家解决。

指导技术员

技术员是你雇来完成工作的雇员。话虽如此，许多技术员也可说是独特类型的专业科学家。你应该理解和鼓励他们的志向。让他们明白，他们对你的项目是宝贵的贡献者。如果他们感兴趣，你可以给他们属于自己的研究项目。如果他们的志向是纯粹技术上的，鼓励他们获得新的技能。

指导你实验室以外的人

当另一个实验室，甚至是另一所大学的年轻科学家请求你的指导时，在同意之前你要仔细考虑一下。不要私下建立这样的关系。坚持让这个人告知他（她）的 PI 你们在接触。一方面，这个请求肯定了你在研究界内的地位。另外，通过接纳一个新的关系，你可能开启将来合作的可能性。另一方面，这里可能存在一些你还没意识到的问题。问问你自己下列问题：

- 为什么这个人要求我帮助？这里可能有负面原因。如果是个博士后，或许他（她）不满意与所属实验室的关系。如果是这种情况，确信你不会得罪这个人的 PI。你也可能发现那位 PI 会将你的帮助视为额外的资源而加以欢迎。
- 这个人的期望是什么？你需要搞清楚，是请你作偶尔指点，还是长期的帮助。如果是后者，确定你的指导角色是正式的还是非正式的。
- 我真的有时间和精力可以为这个关系付出吗？
- 这个人我想去指导吗？

你实验室内的人员应该优先得到指导。但是，如果这个人合适，而且你还能投入更多精力，那就去做吧。

如何得到你需要的指导？

被指导和给予指导一样，都是一门艺术。这意味着要进入一个复杂的关系网，知道向谁问什么，知道如何接受所得到的专业建议和维持长期的个人和职业关系。下列建议可能有帮助：

- 不要放弃你以前的指导者。与你的研究生和博士后阶段的指导老师保持密切接触。虽然他们可能不熟悉你的新环境，但是，他们和新环境的距离加上他们对科学界的总体理解，还是能够帮助你洞察当前的环境。而且，你说不定什么时候还需要请他们写介绍信或在职业方面提供其他帮助。即使发封简短的电子邮件，让他们知道你发表了一篇文章或获得了一个研究基金或奖励，也会促进他们支持你的事业。
- 与一系列正式的指导者们建立关系。你新到的系也许会为你指定一个指导者，甚至一个指导委员会。这些人可能最终组成你的晋升和终身职位评委会，因此要悉心和他们发展关系并且尊重他们。你不要向这组人发泄你的失意或倾诉你的踌躇和弱点。
- 寻找非正式的指导者。这些人通常是你系内或其他地方的有经验的科学家，他们能拓宽你在科学和科学政治方面的视野。如果你的系没有为你指定一名正式指导者，自己去找就特别重要。
- 交一组知心朋友。你能与这些人坦率地交流政治敏感问题。小心地选择这些人。把你的心腹朋友限制在一对一的关系，你可能会更加舒服自如。或者，你可以找到一组与你处境相似的同事们，与他们密切接触。
- 定期会见你的正式指导者们。让他们及时了解你的进展。如果事情进展糟糕，也不要避开他们。要取得他们的帮助。
- 会面要保持专业化。尊重你指导者的时间限制。要做好准备，并明确具体要求什么。

怎样得到好的指导

在你寻求指导时，你自身要培养这些素质：

- 远见　及早开始考虑你的未来。
- 主动　不要指望别人照顾你。你可能很容易地就被充满竞争的科学界所忽略。
- 探究　问棘手的问题。了解其他人和这位预想中的指导者相处的经历。
- 尊重　有礼貌。安排并遵守时间约定。主题集中。不要逗留过久而使人生厌。
- 感恩　每个人都喜欢被感谢。
- 报答　通过帮助别人间接地报答你的指导者。
- 谦逊　乐于接受批评性的反馈，以便你能够学习新的思维方式和科学研究方法。

当关系不能带来好结果时

你所认为的大问题可能仅仅是个人风格或对指导者的作用有不同理解的问题。和你的指导者谈谈你需要什么样的指导。如果这不能帮助解决问题，你可能要考虑另找其他指导者。如果你的指导者明显地一贯对你没有兴趣，低估你的能力，或者表现出其他任何有损于这一关系的迹象，你就该考虑另找一个指导者。如果你的指导者行为不当，违反工作场所规则或未能履行对你的基本职责——例如，没有寄出介绍信或没有评估你的工作，你也要考虑另找指导者。无论你大学有什么解决冲突的机制，你都可能需要去求助。从人力资源办公室着手，让他们指导你如何进行。

增添新的指导者可能会有帮助。然而，中断指导关系要很小心。即使关系发展不好，你也不希望不必要地得罪某人。如果关系是正式授予的，结束它需要明确的行动，最有可能产生恶感。如果关系是非正式的，而且你能够使它逐渐消失，那就这样去做。如果你的指导者想要终止这一关系，有风度地接受这个决定。这对你们两人都更好。

性别和文化问题

科学实验室是近距离空间，理想情况下将会创造平等密切和富有成效的工作关系。然而，这类工作环境也会产生摩擦和冲突。此外，许多实验室有来自多种不同文化和背景的人，可能增添交流困难和误解。为此，实验室的每个人应该特别努力对实验室其他成员表示尊重。作为 PI，你需要通过促进积极合作的关系来树立榜样。

教给你的学生和博士后们得体的社会举止，要做到：

- 尊重他人，不拿对他们是谁和从哪来表示不尊重的笑话、照片或音乐来冒犯他们。
- 公正地对待每个人，注意力集中在科学上。
- 尊重不同的敏感倾向，根据学生的不同个性采取合适的批评方式（例如，同样的话，会使一些人陷入困扰，而另一些人仅将其视为推动其向正确方向前进的一个激励）。
- 展示你愿意和每个学生交流并理解他们，不管他们的背景和文化如何。
- 确保所有实验室成员在实验室工作时感到人身安全。

作为 PI，你还应该意识到与某部分人口如女性、少数民族和残疾学生特殊相关的问题，下面会谈到一些这样的问题。

性别和少数民族问题

榜样和工作关系网　非洲裔美国人、拉丁裔美国人和美国印第安人在科学和工程界工作的人数不多。在某些研究领域，无论是在学生还是在教员层面，女性的人数也不多。了解你的学校有哪些支持少数民族的团体，和哪些榜样可能对少数民族学生和博士后有所帮助。同样，女性学生和博士后可能不能获得和他们的男同学或同事一样的建立工作关系网的机会，也许需要你的帮助来获得。如果你自己是女性或少数民族科学家，你的科学事业进展得很好，更年轻的女性或少数民族学生也许想了解你是怎么做到的。如果你失败了，或正在作出妥协，他们可能也想了解这个情况。你也许要和后辈们分享你的经历，包括成功的和失败的。

歧视和骚扰　确保你了解你单位有关歧视和骚扰的政策。如果有人相信自己受到了歧视来找你，如果你受到歧视或骚扰的指控，或者你卷入与某位你指导的人的绯闻中，这类知识可以帮助你处理这些情况。理解歧视的本质将有助你避免违法的错误和发现别人的错误。务必了解你大学里什么办公室处理歧视和骚扰投诉和提供大学政策和程序方面的培训。

分担负荷　如果你是一个成功的女性或少数民族科学家，你可能被过于频繁地请去作为你的性别和民族的代表服务于各种委员会。做你能够做的事，但要有选择，不能让委员会的工作妨碍你的研究。准备好一个回答，这样，当被邀请以某种方式提供服务，而你觉得会花你太多时间时，你可以礼貌地解释你手头有一堆工作要做。或者，你定一个政策，对要你花时间的请求总要给你一天时间来考虑。

家庭责任　在许多时候，女性对照顾年幼的孩子和年迈的父母负有首要职责。作为 PI，你应该努力照顾到你实验室中所有担负此类责任的人的家庭义务（例如，避免将必须参加的会议安排在通常没有幼托服务的时间。）你还可以考虑从更普遍的意义上你能做什么以提倡你单位的家庭友好政策。如果你肩负着家庭职责的压力，看看你单位是否有相应政策或计划供你利用，帮助你减轻那些压力（如终身职位晋级时限的延长、兼职、产假和灵活的工作时间）。

教授怎样指导

来自威斯康星科学教学计划的 Jo Handelsman、Christine Pfund、Sarah Miller Lauffer 和 Christine Maidl Pribbenow 建立了一个指导研习班，教科学家们怎样成为更好的指导者。在一个“主持人”的引导下，研习班带领一组指导者经历作为教学工具的不同场景和情形。它由八个部分组成，提供指导的知识框架，展示可以试用的不同指导方法，描述了一些困境供参加者与他们的同侪们讨论来解决。名为《加入指导行列：培训新一代科学家的研习班》的研习班手册，可以从 http://www.hhmi.org/grants/pdf/labmgmt/entering_mentoring.pdf 网站获得。

有关威斯康星科学教学计划的更多信息，请登录网站：http://scientificteaching.wisc.edu。

文化差异

作为一名科学家，你很可能发现自己要指导来自其他国家或者美国国内少数民族的学生。语言和文化的差异可能会使指导关系更具挑战性。例如，来自某些文化的人可能只以间接的方式传达信息，或者他们可能不愿意与权威人物争论。作为指导者，重要的是在实验室处理问题时要意识到文化差异，而且你应该努力了解这些差异。此外，大多数校园都有帮助外国学生逐渐适应文化的资源渠道；鼓励你实验室的这些人去获得他们可能需要的任何帮助。

参考资料

American Association for the Advancement of Science. ScienceCareers.org has many articles on mentoring, *http://sciencecareers.sciencemag.org*.

Association for Women in Science. *Mentoring Means Future Scientists: A Guide to Developing Mentoring Programs Based on the AWIS Mentoring Program*. Washington, DC: Association for Women in Science, 1993.

Barker, Kathy. *At the Helm: A Laboratory Navigator*. Cold Spring Harbor, NY: Cold Spring Harbor Laboratory Press, 2002.

Council of Graduate Schools. *A Conversation About Mentoring: Trends and Models*. Washington, DC: Council of Graduate Schools, 1995.

Council of Graduate Schools. *On the Right Track: A Manual for Research Mentors*. Washington, DC: Council of Graduate Schools, 2003.

Federation of American Societies for Experimental Biology. "Individual Development Plan for Postdoctoral Fellows," *http://opa.faseb.org/pdf/idp.pdf*.

Fort, Catherine C., Stephanie J. Bird, and Catherine J. Didion, eds. *A Hand Up: Women Mentoring Women in Science*. 2nd ed. Washington, DC: Association for Women in Science, 2005.

National Academy of Sciences, National Academy of Engineering, and Institute of Medicine. Committee on Science, Engineering, and Public Policy. *Adviser, Teacher, Role Model, Friend: On Being a Mentor to Students in Science and Engineering*. Washington DC: National Academy Press, 1997, *http://search.nap.edu/readingroom/books/mentor*.

National Academy of Sciences, National Research Council. Reports from the Committee on Science, Engineering, and Public Policy, *http://www7.nationalacademies.org/cosepup*.

National Institutes of Health, Office of the Director. *A Guide to Training and Mentoring in the Intramural Research Program at NIH*. Bethesda, MD: National Institutes of Health, 2002, *http://www1.od.nih.gov/oir/sourcebook/ethic－conduct/TrainingMentoringGuide_7.3.02.pdf*.

Nettles, M. T., and C. M. Millet. *Three Magic Letters: Getting to Ph.D.* Baltimore, MD: Johns Hopkins University Press, 2006.

Nyquist, Jody D., and Donald H. Wulff. *Working Effectively with Graduate Assistants*. Thousand Oaks, CA: Sage Publications, 1996.

Reis, Richard M. *Tomorrow's Professor: Preparing for Academic Careers in Science and Engineering*. New York, NY: IEEE Press, 1997.

University of Michigan, Horace H. Rackham School of Graduate Studies. *How to Mentor Graduate Students: A Guide for Faculty at a Diverse University*. Ann Arbor, MI: University of Michigan, *http://www.rackham.umich.edu/StudentInfo/Publications/FacultyMentoring/contents.html*.

第6章　时间管理

从实际角度看，对一个刚起步的研究课题组长来说，最令人畏缩的挑战之一是学习怎样将负荷难以想象的新职责塞入一天的24个小时之中。想办法管理好那些有时间冲突的各项需求，可能成为发展成功事业和有价值人生的关键。这一章讨论对于成功的时间管理至关重要的规划策略，比如确定长期目标和短期目标以及设立优先秩序。这一章提供了日常时间管理的技巧。本章还指导如何管理委员会服务职责，平衡研究和教学，以及同时应对家庭和工作的需求。此外，它还涵盖了专门针对医师-科学家的一些问题。

规划你活动的策略

设立目标

制订计划是一个以目标为起点的过程。目标一旦设定，你就可以确定达到该目标所需要的步骤。目标从大到小地设定，每一级目标决定下一级目标的内容：长期目标（以年计），中期目标（以月计）和短期目标（以星期和天计）。

长期目标可能是有形的（例如职位晋升）和无形的（例如令人满意的个人生活）目标的结合，可能会随着时间而改变，使设立目标成为一个不断进行的过程，你应当定期对目标加以回顾。你在设置长期目标时，你也在定义你自己——你想成为什么样的人，你想要别人怎样看待你。

中期目标，例如发表一篇文章，时常由许多短期目标组成，例如要为论文准备一些图表。短期目标就是写在你每个星期和每个月的日历上面的那些目标——可以吞噬你时间的小的、具体的和有限的任务。

一步步地实现目标

花点时间草拟一个正式计划，从你的长期目标开始。然后，沿着目标方向设定一些指示实际进展的期间目标。通过设定可以完成的目标，你就不会感到需要做的太多而又无从下手。只要完成一个目标，就可以有力地激励你攻克下一个目标。

> 关键是确定就兴趣和价值而言什么对你是重要的，然后将你的活动分配到天和星期，来完成所有这些活动。
>
> ——Richard Reis，斯坦福大学

写下你所有的目标，每项目标的实现都要有明确的时间限期。把想法写成文字有助于凝练你的思想，并且提供一个具体核查清单使你不会脱离目标。时常看一下你的计划，思考它们，根据情况变化做出相应的修改。如果重点发生变化，要准备重新评估你的重点，但也要准备好去维护它们。

长期目标 这些目标可以在3到5年内完成。在写下你的长期计划之前，首先问问你自己，这一阶段之后，你想要你的事业到达哪一步？例如，如果你是一个博士后，你打算寻求一个学术型的还是应用型的职位呢？进什么类型的单位——研究为主的单位，教学的学院，还是其他的？现在问问你自己："为使自己对这个工作有竞争力，我将需要完成什么？"如果你是一个助理教授，你可能努力去晋升至终身制的教授。知道了何时你会被考虑晋升终身职位，问问你自己："在那之前，我需要做什么呢？——发表多少篇论文？多少次应邀参加讨论会和专业会议？还有多少其他成就？"

中期目标 这些目标可以在6个月到1年内实现。例如，作为一个博士后，你应当考虑为了完成下一篇论文或者整合出一幅会议墙报你需要完成的实验。对教员来说，一项基本的中期目标就是取得相当多数量的可发表成果。其他的中期目标还有：为申请一项科研基金得到初步结果、整合一门新课程及组织一次会议。

短期目标 这些目标可以在一个星期到一个月内完成。它们包括为你正在写的论文准备图表，完成一个实验，为接下来的一批实验准备试剂，或者为确保被邀请参加一次讨论会进行信件和电话沟通。如果你感到很难组织这些活动，做一个每日或每周任务清单，完成一项就从清单上划掉它。

做出选择

说"不"，说"是" 为了使你的生活效率更高，你所能做的最简单的事情之一，但对许多人来说也是最困难的事情之一，就是学会说"不"。要记住，你不可能做每件事，取悦于每个人，为每个人所用，并且同时又是理想的教师和学者。对某些任务你必须说"不"，还有些任务你表现得不那么出类拔萃也没问题。做出这样的选择使你能集中精力，把对你真正重要的工作做得出色。这些重点的确定，取决于你为自己设立的中期目标和长期目标。

审慎地说"是"，使你能更容易地对不想做的事说"不"。由于你必须接受某些行政任务，要努力使这些任务对你有用。研究那些选项，早点承担那些你有兴

趣或者事业上有利于你的任务。这样你接下来就可以拒绝那些对你价值较小的行政任务。

回报最大化　鉴于需要你花时间的事情会越来越多，每件事都做得完美是不可能的。决定哪些项目需要完成得近乎完美（如你的基金申请），哪些不需要（如你为一个合作者审阅论文草稿）。

暂停联络　还有一种说“不”的方式就是指在别人想要联系你时不予回应。今天的技术“便利”常常不必要地干扰注意力的集中。任何有效的时间管理策略都会指出要学会暂停联络——要成为那些工具的主人，而不是它们的仆人。

逐日安排你的时间

许多人发现长期目标容易设立——例如，“我要在多少岁前成为正教授”。更加困难的是日常多重任务的管理——处理大批的琐事，它们像洪水一样，甚至能吞没最有组织能力的专业人员。这一节谈谈如何最大限度地利用你所拥有的时间。

找到一些额外时间

为了能集中精力和创造性地思考，你需要整块的不中断的时间。为帮助你做到这点，这里有些窍门：

- 控制你的电子邮件。如果你的运气好，有一个行政助手，令其为你筛选信息并标出有时间要求的信件。你也可以打印出需要亲自回答的电子邮件，在你一天内短暂的空隙中手写出回复。然后让你的助手把它们打印并发出。如果你没有助手，留出一天中特定的时间阅读和回复电子邮件，或者在晚上在家读它们。
- 购买一台留言电话或者语音邮件服务。
- 开通一项家庭移动电话业务，以确保在你关闭了办公室电话后，家人和紧急事件发生时能联系上你。
- 把办公室的门关上，或者早点进办公室。在门上留一个“如有要事请敲门”的标签，让你的学生和同事知道你在里面工作，但不希望被打扰。早到的若干小时可以给你宝贵的集中精力的时间，不受吵闹的学生和同事的影响。
- 把办公室的门关上。保证有不间断的时间在实验室工作对你的事业是至关重要的。
- 与你自己做约定并遵守。找一个安静的隐蔽场所，在预先安排的时间利用它。这样的做法使人们慢慢知道在可预知的一些时间会找不到你。

轮流处理你的任务

如果你难以长时间专注于一项任务，你可以同时处理多项任务，将这个潜在的弱点转变为优点。确保你总有几件事要做（如写基金申请书的介绍部分，审阅一篇文章或写一封推荐信），大概3件或4件吧，轮流做这些事，所用时间不断延长。确保将它们清楚地摆放桌上，这样你就用不着费时间考虑下一步应做什么。

正确工作和生活的七个关键（不一定就是七）

1. 学会怎样说“是”，还要学会怎样说“不”。如果你已经承担了你确实希望做的事情，对不想要的任务说“不”就会容易些。
2. 你什么时间不在以及什么时间在，要形成规律。安排一个时间，身在别处让他人找不到，并且坚持下去。
3. 要每样事情都做一点，也要将某一件事情全部做完。掌握处理多项任务的技巧。
4. 确定你的任务和你的重点。要实现你的目标，需要进行大大小小许多活动。
5. 一直工作，直到时间已到或任务已完成。进行每项任务时要有目标在特定时间内取得进展，然后向下一任务迈进以保持前进的势头。
6. 把你的一些家事带到单位，也把你的一些工作带回家。你生活在这两个世界里，想办法把它们结合起来（比如，如果你上班路远，早点离家以避开交通拥挤，并将早餐和报纸带到你的办公室）。
7. 想办法将你的职业和个人活动在适当的地方融合在一起。同样，工作和娱乐该分开时要分开。这样做使你在这两方面都能取得最高的效率和最大的满足。

确定重点

在目标的基础上，决定你需要做什么和什么时间做，并遵循经典的KISS（Keep It Simple，Stupid）规则：简单、易行。一张表格可能是个有用的工具，使你可以按照紧急和重要程度来排定短期内你必须关注的事项的优先秩序（图6.1）。设法控制“不紧急/不重要”的那个象限。花在这个象限内的时间其价值回报相对要低。“紧急/重要”象限将你处于危急状态，这种情况下很少有人能做得最好。为了得到最大效率，你应该花最多的时间在右上方的象限，这里的任务是重要的但不紧急。

如果任务重要但不紧急，要记住你的重点和时间安排：

- 提前计划，明确期限。

- 为特定任务留出整段时间。
- 把大任务分解为较小的任务。
- 分派任务。
- 准时完成任务。

	不重要	重要
不紧急	• 大多数电子邮件 • 实验室成员的周末计划 •“超级杯”美国橄榄球联赛年度决赛押注	• 正在进行的实验 • 为委员会的会议做准备 • 下个月基金申请截止
紧急	• “你有邮件”的提醒 • 电话铃响了 • 同事正向你询问	• 实验室火灾 • 明天基金申请截止

来源：Sandra L. Schemid，斯克利普斯研究所，改编自 Stephen R. Covey 的 *The Seven Habits of Highly Effective People: Powerful Lessons in Personal Change*（此书中文版《高效能人士的七个习惯》已由中国青年出版社出版）中的时间管理矩阵。

图 6.1 时间管理表

充分利用你的时间

想些办法有效率有成效地利用你的时间是很重要的。要知道，对一些活动而言，你所花的时间可能不会立即带来回报。比如，参加你系里的讨论会可能实际上是有效率和有成效地利用你的时间。你将不仅能了解到新信息，而且如果你进行提问，你还会提高你的知名度。

效率 成功人士往往是高效率的。他们逐渐形成习惯，为“脑力工作”创造出成块“不被中断的时间”。这有些窍门可以帮助你充分利用一天中由你支配的那些时间：

- 建立一个有利于出成果的环境。给每件东西安排一个地方，将每件东西放在它自己的地方。混乱是没有效率的。找到或者创造一个安静的空间（或时间）来工作。
- 了解你的生物钟，把你最有成效的时段保护好，用来撰写、设计实验和进行其他重要任务。
- 在你受保护的工作时间内，聚精会神，不允许干扰。
- 设定时间限制。自己事先决定完成任务的时间（如，两个小时审阅一篇论文）。
- 排除不必要的任务。
- 避免拖延。早点开始完成任务——至少是早点有个框架。如果你的基金申请该交了，尽早写出你的目标，让你的实验室员工有足够时间开始收集相关数据，而不会在最后一分钟感到恐慌。如果一个重要的试剂从订货到交货要很长时间，尽早开始订货以确保你需要该试剂时已备好。

- 组织和指导会议。
- 分派工作。
- 快速地通个电话，而不是一来一回地通过电子邮件交谈，这常常效率不高。
- 在家中接通高速互联网。

> 家中的高速互联网彻底改变了我们的生活。我可以5点钟回家，把孩子们放上床，打开个人电脑，在家里做所有的事情。它通过更有效地管理时间，真正改进了我们育儿和照顾家庭的能力。
>
> ——Milton Datta，爱默里大学医学院

把一切都安排进去　成功人士也学会使用小块的时间，利用各处的空闲片刻（在许多职业中，人们将时间列成表格，以15分钟或更少的时间为单位递增）。回电话，起草备忘录，检查一周的日程……这仅是你在一天中有效利用几分钟就能办好的几个例子。其窍门是准备好利用随时出现的这些片刻，要随身带好讯息或电子邮件、学生们的作业、记事本或手机。有些任务，例如审阅论文和阅读科学杂志，如果你不驾车，能够在上下班的途中进行。

> 准备好利用小块时间。在5到10分钟内，你可以很快地打一个电话，处理一封需要亲自回复的电子邮件，或者填写一张表格。
>
> ——Sandra Achmid，斯克利普斯研究所

提高你实验室员工的时间管理技能

这儿有些技巧有助于你的工作人员更有效地工作：

- 早点设立明确的目标和期望，从你的员工能够处理的简单任务开始。确保他们理解各项任务。适时奖励和纠正他们，然后扩展任务，接着重复这一过程。
- 帮他们寻求建议，而不浪费不必要的时间。教给他们怎样精确有效地描述项目、事情和问题。
- 为每次会议制定议事日程——并严格遵守。会议一开始就清楚地说明会议的目的和结束的时间。
- 会议之后，向与会者发送一封后续信件，包含会议纪要和要做的事项清单。用这些非正式的备忘录开始下一次会议和评估进展。（会议记录对于专利保护来说也是有用的，可以用做想法、归属和日期的证据。）

一旦你实验室成员了解时间管理的重要性，你还可以派一名关键的成员承担撰写会议纪要和分配后续活动的任务。

> 投资时间去训练其他人确实能在时间效率方面得到回报。
>
> ——Richard Reis，斯坦福大学
>
> 当实验室成员向你汇报一个项目时，要求他们首先提供一些该项目的背景，然后把他们要告诉你的事情组织成为简明的信息要点：“我打算告诉你今天早上的实验。这是结果。这是我对它的理解。这是我明天打算做的。”用这样的策略，一个 5 分钟的交流就能使你立即了解此人正在做的事情。
>
> ——Todd Golub，HHMI 和达娜-法伯癌症研究所

特殊问题

管理好委员会的服务职责

委员会的职责让你能和有意思的人——来自你系里的、单位里的及外界的人们建立起联系。他们也有助于让你的同事注意到你的研究——这对一个刚起步的教员来说是实在的好处。

但你怎样避免疲于应付各种委员会服务的职责呢？主动选择承担符合你的利益和时间安排的委员会服务工作，这样你就能把先前承担的委员会职责作为合理借口拒绝其他的请求。妇女和代表名额不足的少数群体需要特别擅长说“不”，因为他们经常被要求在委员会服务。

> 设法主动做你所关心的或者对你有益的那些事。例如，一个刚起步的助理教授时常对研究生录取委员会很感兴趣。然后，用已承担这些委员会职责为理由，拒绝后来的其他委员会工作的机会。这样，下次有人和你说起某个重要的委员会，希望你在其中任职时，你可以说：“我的确愿意做这项工作，但不巧的是我刚刚同意在这个庞大的研究生录取委员会做事。它将要耗费很多时间，而且又这样重要。”于是，他们会点头表示理解，并且很可能走出门后不会再来找你。
>
> ——Thomas Cech，HHMI

研究和教学

如果你在一个重视教学质量的系，而且你正在考虑要晋升为终身制的教授，如果你希望你的课程教材时时更新并引人入胜，或者如果你负责的是你还没有充分理解的困难材料，你可能发现自己把大部分时间奉献给了教学，而代价是损失了其他一切。为了你的研究事业，你一定要学会控制与教学有关的时间。第 13

章“教学与课程设计”（第 178 页），提供了一些该怎样做的策略。

即便困难，你也必须限制非研究性的任务并坚持这个限度。当一项任务的时间到了，就进入你日计划表中的下一个项目。这样，你每天有个新的开始，而不使整个星期中积累起来的严重工作赤字越积越多。作为一个指导方针，一位资深科学家建议，不管你有多少办公室工作，作为刚起步的课题组长，你应该每周在实验室里花至少相当于两个整天的时间。

医师-科学家的特殊事项

医师-科学家的三重负荷：实验室、课程和临床

虽然医师-科学家可能有一些教学任务，但这些任务通常是不重的。对于一个运转着一个研究实验室的医师来说，更大的挑战是平衡实验室工作和临床工作所需的时间。平分实验室和临床时间的情况越来越少；可能是多达80%的实验室工作时间和20%的临床工作时间，不过根据不同的人和工作性质，时间分配会有很大不同。下面是一些平衡处理实验室和临床工作的技巧。

实验室

- 考虑雇用一个实验室管理员。这些人员通常有高级学历或丰富的经验，所以薪酬要高一些，但一个好的实验室管理员可以在你忙于临床工作时帮助维持实验室的正常运行。
- 建立一项制度，明确你审核实验室成员的记录本和数据，即使他们不在时你也能进行审核（如临床工作让你直到晚上才有时间待在实验室）。
- 向你的实验室成员解释，在你应于临床工作的期间你在实验室的时间不会太多。尽量安排你可以与学生和博士后碰面的时间，使你能及时了解他们的进展。
- 选择你有独特资格优势的课题方向。

临床

- 告诉病人他们如何与你联系。
- 如果你可以用辅助员工（许多初级的教员没有），要有效地利用他们。让护士或代理医师尽量多做点在你接诊前的准备工作和诊后的后续工作。
- 学会告诉病人什么时间你得结束。
- 让病人和同事知道你的双重职责。

要记住，在实验室、临床和家庭方面——你需要学习的最重要的事就是灵活处理你的重点。

家庭和工作：你能全部拥有吗?

这个问题适用于许多从事高压职业的专业人员，包括那些正在学术职业轨道上奋斗的男性和女性科学家。

家庭交流　开始就得到伴侣和家庭的支持是有帮助的。尽早和家人明确讨论你自己的以及他们的事业及个人目标。向对你很重要的人尽量确切地表述你的志向，以免因为没有说出期望或期望未能满足而导致抱怨。有共同的工作和家庭目标会使互相包容变得更容易做到。

除了分享你的长远目标，还要让你的伴侣和家人知道你的短期计划和项目。让你的伴侣提前知道一个基金申请截止日期正在迫近可以赢得一些理解。下面有一些方法让你的家人了解你的日程，并让你和家人关系密切：

- 在家里贴一张日历，标明你出差的日期和重要的截止日期。
- 安排你和家人的活动并信守这些承诺（如周五夜晚约会）。
- 将工作出差变成度假。让你的伴侣在一个科学会议之后加入你，一起花几天放松一下。
- 如果你的伴侣感兴趣，让他（她）参与你的工作。让你的伴侣读一读基金申请书，让他（她）也有机会做出贡献，其新奇的目光也可以帮你找出打字错误。

> 我发觉医师-科学家碰到的一个问题是临床职责渗入到每一天的工作，需要处理电话、续处方、紧急医疗需要、实验室后续工作还有文案管理等任务。以我的经验，对于无止境的病人医疗需求，初级教员确定承担的限度是有价值的。例如，将临床工作限制在每周一整天而不是两个半天，或选择可以用整块时间处理而不需要后续随访的临床工作（如住院部轮转）可能是有帮助的。
>
> ——Ann Brown，杜克大学医学院

在工作和孩子之间找到平衡　毫无疑问，孩子们使得平衡复杂化了，但他们也能带来健全的心智、个人满足感和动力，使你成为更加专注高效的科学家。很少有职业人士为了便于事业进步而愿意放弃拥有孩子，他们也不应该这样做。高质量的日托、家政服务、购物便利等都使你得以同时做到照顾家庭和拥有挑战性的事业，并更加充实。实际上，为保持平衡的生活方式你要做出必要的选择和调整，而做老板（例如，运转一个实验室）为你提供了选择和调整的灵活性和经济来源。这里有一些平衡工作和家庭生活的技巧：

- 利用可供选择的辅助途径来做烹调、打扫卫生和其他家务琐事，不要浪费精力感到内疚。如果你的预算允许（在早几年，可能不行），花钱赢得时间：雇人帮助打扫房屋——即使你只付得起半个月一次擦洗浴室和厨

房的花费。在下次打扫前，杂乱（但还算干净）的房子不会伤害你或孩子们。以后，雇个保姆或管家（也做洗衣工作）也是值得的。

- 每周一次或者偶尔与家人外出吃顿饭，即便是快餐。这是一种简便的可以一起在家外享受的家庭主题活动。
- 购买外卖的饭菜在家里享用。省掉烹调，而多出的休息时间能用来延长餐桌交流时间，让你分享每个人一天来的信息，并能让你与年幼的孩子玩耍并送他们上床睡觉。
- 教孩子怎样帮忙做与年龄相称的家务活（比如，把他们的衣服放入篮子，放好洗净的衣服，在桌上摆好餐具）。
- 在你烹调时，保持饭菜简单，并且一次性做大量的饭菜，按一顿饭的量分份冰冻储存，供整个星期食用。
- 如果你和配偶都在外面工作，尽你所能给孩子安排最好的幼托。如果你们整天不和你们的孩子在一起，在晚上或周末划出不容侵犯的家庭时间就尤为重要。

雄心十足的科学家要什么都拥有，可能吗？对于那些学会平衡需要同时处理的多种需求的科学家，答案在一定意义上是“能”。无可否认，说比做容易，关键是确定什么对你最重要，然后把你的活动分配到天和星期，去处理所有这些事。重要的是确定你的重点，学会妥协和灵活。

> 我不为我孩子的学校出售饼干或礼物包装；我写些支票。我不在他们教室里当志愿者；我每年参加一次校外旅行，这对我的孩子们来说非常有意义。我家有两星期的暑假、一次春假旅行以及长周末的外出。
>
> ——Sandra Schmid，斯克利普斯研究所

参考资料

Blanchard, Kenneth H., and Spencer Johnson. *The One Minute Manager*. 10th ed. New York, NY: Berkeley Books, 1983.

Boice, Robert. *The New Faculty Member: Supporting and Fostering Professional Development*. San Francisco, CA: Jossey-Bass, 1992.

Covey, Stephen R. *The Seven Habits of Highly Effective People: Powerful Lessons in Personal Change*. New York, NY: Fireside, Simon & Schuster, 1990.

Reis, Richard M. *Tomorrow's Professor: Preparing for Academic Careers in Science and Engineering*. New York, NY: IEEE Press, 1997.

第 7 章　项目管理

为了提高你实验室的产出，你要么增加资源，即获得另一项基金和招来更多的人和你工作，要么更好地利用已有的资源。项目管理就是帮助你做到后一点的一种工具。简单地讲，项目管理是指对资源进行分配、使用和跟踪以便在一个期望的时间框架内实现目标。在科研领域，目标可包括发表论文，获得研究基金，完成一组实验或甚至包括晋升终身职位。在保护创造力的同时，项目管理可帮助减少无用功、跟踪进展（或监督是否缺少进展）和对偏离重大目标做出快速反应。这一章突出项目管理的一些技能以及你如何使用它们。本章末的附录描述了一个实例，展示了在一个研究某基因在前列腺癌中的作用的项目中如何运用项目管理。

> 项目管理帮助你有效地使用你的研究经费、人力和时间来发表研究论文、获得经费和得到晋升。
>
> ——Milton Datta，爱默里大学医学院

什么是项目管理？

项目管理是你采取的一系列灵活和反复的步骤，用来确定你想实现什么目标和实现目标的合理途径，以及具体的行动、行动执行人和行动时间。项目管理的步骤和基金申请书的组成部分很相似（见第 9 章“获得基金资助”）。对于基金申请书，成功的可能性是和对申请书中每部分投入的思考成正比的。评审专家和基金机构人员希望看到你已经全面彻底地考虑过。同样的过程也适用于你的实验室管理和职业规划等其他方面。

> 要说服诸如NSF或NIH等基金提供者，把你所要求的资源给你，一个详尽的、设计很好的项目计划就是一种最有效的工具。
>
> ——Stan Portny，Stanley E．Portny and Associates

决定一个项目

对于项目，你也许有无数个想法，但你的资源（如研究经费、学生和博士后数量、时间等等）是有限的。你应该做的第一件事是在你有限的资源内并结合你实验室的使命（见第3章“科学领导实验室”）决定进行什么项目。

例如，你也许希望再次获得R01基金，因为它可以让你进行另一方向的研究，并提高你获得终身职位的可能性。距基金申请截止时间还有9个月。你应该问问自己下列问题：

- 我需要做什么实验以便撰写一篇研究论文并在基金申请截止前投出去发表？
- 我是否有足够的时间获得必要的数据？
- 哪些学生和博士后可以取得这些数据？

一旦你明确了整体目标、怎样实现和需要谁的支持和参与，你就可以开始计划你的项目，从你陈述的目标开始反过来向前推：

我的项目是为了在一年半内获得R01资助。

我将需要

- 获得基金申请所需的最终数据（12个月）。
- 递交带有初步数据的基金申请（9个月）。
- 投出论文去发表（6个月）。
- 综合数据，开始写论文手稿（5个月）。
- 完成一组初步实验（1到5个月）。

项目管理由你对项目各部分的计划构成，其间运用下面几节概述的工具。项目管理最重要的一个好处就是帮助你精确预测一个项目将持续多长时间及你需要什么资源。即使经过一些简单考虑后你相信一个项目值得进行，你能在5个月内得到基金申请所需的一组可发表的初步结果，你还是需要更仔细地计划每一步，以便回答下列问题：

- 项目真正需要多长时间？
- 我们真有做这个项目的人吗？
- 我们真有做这个项目的经费吗？
- 我们能及时完成它吗？

问：你在建立项目管理计划时设置的严格定义难道不会限制科学创造性吗？

答：一点也不会。所有项目，包括高度创新的项目，都要依赖一定的资源。不管一个项目的科学目标是什么，项目管理都会帮助你确定用手头的资源是否能够实施你的想法，以及如何最好地实现这些想法。如果你预先意识到你没有所需的资源，你就会知道该去得到它们。

问：项目管理会阻止我们尝试高风险的项目吗？

答：科学家必须在他们资源的限度内工作。这不意味着不能做高风险的项目。它只意味着一个人必须在项目开始前就知道涉及的风险。项目管理帮助确定将会有什么风险。例如，在获得 NIH 基金前，你可能就用完了你的启动经费，或你一年只能发表一篇而不是三篇论文。一旦你知道涉及的风险，你就能为它们做计划。项目管理还可以帮助你保存一些资源，为高风险的项目所用。你在开始项目时掌握的信息越多，你就能更好地分配资源。你在给必须完成的工作（例如，你已获基金资助的实验计划）分配资源时做得越好，你越有可能节省些经费留给更冒险的项目。

问：鉴于科学上的不确定性，项目管理可行吗？

答：项目管理并不意味着僵化或盲目的限制。事实上，通过对目标和情况进行系统化的重审，项目管理鼓励你在既定项目实施过程中不时地重新考虑哪条路线是最好的。

启动

工作陈述

工作陈述是一个清楚地解释项目是什么的书面文件。它应该包括下列部分：

目的　这个部分应该包括

- 背景　为什么要启动这个项目和由谁来启动它，如果项目没有完成会发生什么，还有别的什么与它相关。
- 工作范围　你将要做什么？简单地描述要进行的主要工作。
- 策略　你将怎样进行工作，谁会来做，什么经费可以给这个工作使用？

目标　目标是项目要达到的最终结果。每个目标应该包括

- 陈述　描述项目完成时所希望的成果。
- 衡量标准　评定你预期成果完成得怎样的标准。
- 指标　用以定义什么是成功结果的衡量标准的目标值。

约束　它们是对项目的限制，分两种类型：

- 限制　别人设置的约束（如：你实验室有限的启动经费，或会限制你

研究时间的教学责任)。

- 需要　项目组设置的约束(如：因为一名关键人员要离开实验室，因此希望提前三个星期完成项目)。

假设　这些是你在做计划时安置进来的未知事项——你在构思、计划和进行项目时将不确定的信息视为事实的陈述(例如，你也许假设下一年你的临床或教学任务不会增加，或者在达到某个里程碑之前不会有人离开这个项目)。

要知道，随着你项目的进展，你的各项目标可能会改变。对照你的目标定期审核成果，如果需要，就修改目标。不管你在项目上已经投资了多少，如果你发现，例如另外一条路线比主要研究途径更有希望，或一个关键前提是完全错误的，又或者有人在你之前发表了这项工作，那么，不论何时改变工作方向或者完全停止工作都绝对不嫌晚。

这一章结尾的附录提供了一个工作陈述的实例。

确定目标群体

如果你的目标群体中任何一个人——那些对你的项目感兴趣、受项目影响或者项目需要其支持的人或团体——的需求没有被考虑的话，都可能破坏整个计划。在早期，你就应当列一份项目目标群体的名单，包括你单位内的和单位外的。虽然你可以在大脑里想这回事，但书面名单可以在实施项目的整个过程中不断提醒你与这些关系到利害的人保持联系。只有每个参与者贡献了他(她)的一份，项目才能成功。

把你的名单上的目标群体分成三类：

- 驾驶员　这些人告诉你做什么，在某个程度上决定你的项目将会取得什么结果，以及成功由什么组成。作为PI，你是你项目的主要驾驶员。另外的驾驶员可能包括你领域的竞争者和合作者，科学期刊的编辑(如果他们建议你要发表一篇论文应该做什么实验)，以及研究基金的科学评审委员会的评委(如果他们的反馈意见正在影响你研究项目的进程)。如果可能的话，让这些人及时了解项目进展，或在改变方向或拓展出另一不同领域之前咨询他们。例如，如果《自然》杂志的一个编辑要求你在文章的修改稿中加进一些具体的实验，但你决定做另外一些你认为更合适或鉴于你的实验室的擅长领域更容易做的实验，那么你应该和这位编辑联系，确保你建议的实验会满足他(她)的要求。
- 支持者　这些人进行这项工作或者使这项工作成为可能(例如，你实验室的学生和博士后，以及项目资助机构的项目主管)。确保这些人都积极来做这项工作，并理解他们在做的工作和实现整体科学目标有怎样的关系。(见第3章“科学领导实验室”)。

问：项目管理是一个自上而下的过程呢，还是一个互动的过程？

答：它必须是互动的。为了最好的可能结果，你既需要员工的洞察力，也需要他们的建议和意见。项目管理并不是说：“什么都别想，就照我说的做。”它是一个确定思考什么，而不是确定怎样去思考的过程。

问：如果我有A、B、C和D四个实验，先仅为A做详细的计划，以后再处理其他几个，这样做合理吗？

答：这也许是合理的，但如果B并不完全依靠A，并且在你做完A之前可能已经为B或其他任何实验做了一些工作，那该如何安排？项目管理工具和软件可以帮助你看到在时间安排中可能有哪些地方重叠，以便你可以最有效地利用时间。

- 观察员　这些人对你的项目有兴趣，但既不是驾驶员又不是支持者。他们对你在做的事情有兴趣，但他们不会告诉你去做什么和如何做（例如，在你领域工作的其他科学家、指导者和潜在的支持者）。尽可能让更多的科学家知道你已取得的成就，这对你的事业会有帮助。要做到这一点，可以通过在会议和大型会议上做报告，让你的同事审阅你准备投出去发表的论文稿件或将你已发表论文的复印件送给你领域的科学家等方法。记住，那些熟悉你的工作但不直接与你合作的人将会对你晋升终身职位递交意见信。这些人也许还会邀请你做报告或建议你参加基金科学评审委员会或加入某个会议的筹备组。

你在进行项目时，可根据需要对名单进行修改。划分目标群体没有看上去那么难，而且你不需要每件事情都从头开始。许多同样的人可能一次次地出现在你不同活动的目标群体名单上。

确定谁做什么和什么时候做

工作分解结构（work breakdown structure，WBS）是你项目需要进行的所有工作的大纲。要建立一个工作分解结构，从大的工作任务开始，把它们分解成活动，并把它们分成独立的步骤（见附录中的现实范例）。用项目管理的术语来讲，一个活动就是你的项目必须进行的一个任务，而一个事件是标志一项或多项活动完成的里程碑。你会希望在你的时间表上列出执行活动所需的资源和人员，以便你成功地完成某项里程碑式的事件——例如，一篇论文被接受，获得一项基金资助，或一项困难的技术付诸实践。

工作分解结构是项目管理的最重要的元素之一，因为它有助于你安排项目及其组成部分、估计资源、分配任务和责任以及控制项目。（有关建立这种大纲的更多信息，见 http://www.4pm.com/articles/work_breakdown_structure.htm。）

你在建立一个工作分解结构时，考虑以一周或二周为单位来递增。对于耗时更少的活动的详细计划（如每天要做的实验），你也许不希望包括进去。然而，你要纳入工作分解结构中的详细程度部分取决于谁在做这个工作。大多数本科生比有经验的博士后和技术员需要更多的细节。在你的培训人员刚进实验室就教他们思考时要具备时间和资源意识，这也许会有用的，让他们写出详细的每周计划或设计他们打算怎样解决一个实验技术难题的流程图。

要决定项目的某一个特定部分是否足够详细了，问你自己三个问题。根据工作分解结构，你是否能

- 对该工作要求的资源（包括人员）做一个合理的估计？
- 对该工作要求的时间做一个合理的估计？
- 每个承担其中一项活动的人都对该活动有很好的理解，从而能做得让你满意吗？

如果对其中的任一问题的回答是“否”，就需要有更多的细节。

在科学研究中，你不太可能提前很长时间就做出一个详细的计划。许多详细计划要在项目进行中匆忙完成。尝试一个滚动的方法，随着你项目的进展更加详细地修改预期计划。

除了计划实验，你也可以用工作分解结构来建立实验室，将大块任务分成小块，例如：订购仪器；雇用员工；处理伦理审查委员会事宜、辐射安全问题和其他事务。

跟踪工作和资源

复杂的项目要求有一系列的活动，其中一些活动必须依次进行，其他一些要同时进行。项目进度勾画出活动进行的顺序和每项活动的预计需要时间。此外，对进度的每一步，你都需要分配必要的资源，包括人员、资金、设备、耗材、设施和信息。为了安排你的活动和资源，你需要遵循下列步骤：

1. 确定活动和事件（根据任务分解结构）；
2. 明确约束（根据工作陈述）；
3. 决定不同活动的持续时间，而且，如果涉及多人，决定由谁来做；
4. 决定实施顺序；
5. 提出初步进度；
6. 根据需要修改进度。

制定活动进度的工具

你也许以前就知道一些制定活动进度、时间表、流程图等的工具。这儿有一些常用的：

- 关键事件进度表　这张表展示各个事件和准备完成它们的日期（记住

事件是完成一项或多项活动的里程碑)。

- 活动计划　这张表展示活动以及计划开始和结束的日期(见附录,第117页)。
- 根特图　这张图用水平条来展示每项活动的开始和持续时间(见附录,第118页)。
- 伯特图　这张图用线条表示活动和用节点(通常是用圆圈或泡泡)标出事件。

关键事件进度表和活动计划在展示时间方面要强一些;根特图和伯特图能够更好地纵览活动需要多长时间和在何处相交叠。不管你采用何种形式的图表,都要花时间制定出一个你有合理机会去实现的进度。现实地考虑和估计每一步会需要多长时间,每天你有多少时间可以不受干扰,以及其他需要你花时间的任务会怎样影响你或你实验室能够完成的事情。

要确定一项非常复杂的过程要花多少时间,考虑一下你以前做过的类似的事情。翻翻你的笔记本或日程表,努力回忆一下——你上一篇论文发表或申请基金的整个过程实际花了多长时间,包括撰写、编辑、要求反馈、作图、修改、再修改和提交。估计要保守一些。计划实验工作时,对你员工的技能、经验和局限进行精确的评估会有助于你将每项工作分配给合适的人。延伸一点是好的,但勉为其难弄巧成拙就不好了。如果你的团队缺乏完成某具体目标所需的专长,你也许需要找一个合适的且有意向的合作者。综合起来,这些做进度的工具可以

- 提供跟踪工作的方法。
- 确定实验的顺序,从而确定完成整个工作将要多长时间。
- 显示实验之间的关系(如,它们是否需要依次完成,或同时进行?)。
- 发现瓶颈所在。

问:完成新实验所需的时间有时比我认为的要长。我应该怎样做相应的计划?

答:工作结构分解有助于你发现实验的内在困难或程序中的瓶颈所在,这样你可以增加时间和资源来处理这些问题。例如,你可以给一个负责方案中某一步骤的新生搭配一个有经验的博士后,或者给要建立一项新技术的技术员时间,让他能尝试几次和对程序做出修改。

随着工作的进展,对你的进度或需要的资源进行调整。例如,可以用实际时间取代估计的时间。在进度延后的情况下,可能需要额外的资源来弥补时间的不足,图表可能需要修改来反映新的情况。

我是否有资源?

一旦你有了一个框架,决定了在既定期限内要做的活动和谁来做这个工作,

你也许希望更精确地决定这个项目将要消耗多少既定的资源——例如，一个博士后每周需要工作几小时以完成其活动（见附录，第119页），或要花多少钱。这将帮你发现可能的瓶颈——即使是最好的博士后也不可能一天工作37小时！

项目管理软件

如果你在跟踪一个简单的项目，只涉及一两个人，你也许可以利用一个画在黑板上或电子文档上的网格图。但随着你要同时应对的项目和责任的增加，你也许希望在许多现成的软件包中选择一种加以利用。它们可以帮助你发现问题，例如，资源冲突（如一个人被指派做三项重叠的活动）和确定什么活动可以延迟以解决这个问题而不危害整个安排。好的软件可以帮助你在屏幕上集中考虑所有活动的组织规划，创建工作分解结构，将各活动联系起来，制定进度表，确定各项资源，随时更新进展信息，并生成报告。当你做修改时，软件会在整个项目中将这一修改的影响反映出来。

Microsoft Project 软件可以和 Microsoft Office 软件完美结合，是个受欢迎的选择。这个软件包可以让你输入任意数量的任务并作进度安排。然后你可以使用多种格式（如根特图或伯特图）来观察数据。你也可以输入每项资源的价格，软件会自动跟踪项目的花费。其他流行的软件包有 Act！（Symantee Corp.）和 Now Up-to-Date（Qualcomm，Inc.）。关于其他软件包的信息请登录网站http://www.project-management-software.org。和其他软件一样，项目管理软件也有你可能不需要或用不着的点缀品。记住软件仅仅是帮助你计划和组织工作的工具。它不应该成为你的工作，让你陷入复杂的操作或那些奇特的图表——这些图表看上去让人印象深刻但并不能更加简单地展示信息。

经过一些简短的针对这些软件包的使用的培训之后，建立新计划就变得简单直接了。一些领域，包括建筑和一些商业管理领域，广泛使用这种软件。你也许能找到些本科生，特别是工程学院和商学院的学生，将你制订好的手写计划转移到电脑上。他们非常渴望通过这个繁重乏味的工作来磨炼他们的技能（还能在简历上添上一笔）。

问：有些实验我已做了那么多次，我已知道这个工作要花多长时间和我需要的资源。我还用把这些实验加到我的计划里吗？

答：不是为了你的便利，但你必须考虑其他人是否需要知道你正做的事——各步骤的次序以及所需要的材料和时间。如果他们需要知道，一份书面的工作计划也是很有用的一部分记录。项目管理不仅仅是制订计划的工具，它也是训练和沟通的工具。

问：即使做了最好的解释，没有经验的学生还可能仅专注于做他们的那部分工作。是否有帮助他们看到整个蓝图的策略？

答：他们真正看到整个蓝图是非常重要的，项目管理可能提供部分解决办法。虽然项目管理的确鼓励关注细节，但是它也鼓励你思考整个蓝图。把一个项目的详细计划想象成一个代谢图：如果学生们能看到他们的工作和更大的整体有何联系，他们也许会更积极地思考他们自己小的项目，并就实验室的工作和更广阔的领域提出更大的问题。年轻的学生也许不太情愿承认他们所不知道的东西。通过逐步让他们了解所在领域的复杂问题和现行争议，你可以告诉他们：不知道没关系，请别人解释问题是平常现象。让他们说说他们正在做的工作，并解释他们所说的内容，突出他们的工作和实验室其他工作的交叉之处，或让他们就其在项目中承担的部分写一份工作报告，这要求对整个项目的背景有所了解。

控制项目

有效的项目管理要求对项目的组成部分不断进行监督并及时更新。通常是PI发挥这方面的作用。此外还有下列任务：

- 向项目的目标群体维护这个项目（如通过研讨会和向支持者提供非正式的更新材料）。
- 为项目组清除障碍（如为组员减少其他职责并提供一个给予支持的、舒服的工作环境）。
- 通过给予经费、允许使用基础设备和技能支持来提供资源。
- 交流项目的愿景，使小组保持动力、集中精神。
- 和系主任、NIH、期刊编辑和外部合作者进行交流。

当项目信息被用来团结、指导和激励小组成员，而这些成员也相应地用这些信息来指导他们的工作时，最可能获得成功。

——Stanley Portny和Jim Austin，“科学家的项目管理”，ScienceCareers.org，2002

使你的工作保持在轨道上

一个项目运行的历程将会怎样是很难预测的。为了帮助你处理意外情况，还要保证许多项目的运行，需要灵活地制订计划。以下列出了一些帮助你保持在轨道上的策略：

- 就像你会在一个好的R01或其他基金申请中所做的那样，考虑不同的可能发生的情况，找出什么计划也许不会像你预期地那样发展，并确定偏离轨道分支出来的范围和你怎样解决它们。
- 选出你项目中最可能使工作进展放慢的方面（例如，一个研究生不能熟练解释实验结果可能会延缓进度，或者一个技术员在向那个拖拉的供应商订货后催得不紧，结果可能不能准时收到所需要的试剂），密切地监督他们。
- 采取策略，减少偏移发生的可能性，并制订计划应对任何意外的发生。
- 确定一些指标或明确的结果（例如，完成Western blot或者取得可清楚解释的实验结果），这可以帮助你根据你提出的目标评价这个项目。选得不好的指标还不如根本没有，因为它们也许会使你在目标实际合理时选择放弃项目。
- 对项目进行仔细和连续的监督，以迅速发现走弯路的情况。
- 实施应急计划，必要的话修改你的主计划。

问：如果关键人物准备离开，我准许了，我该怎样完成项目呢？

答：项目管理可以帮助你预见他们的离开并为此做好计划。确定谁最有可能离开和这最可能发生在项目的哪一步。当这的确发生时，停下来评估其对你项目的影响，并确定你能采取哪些步骤将影响减到最小。

作为一个科学家，你希望你的研究是值得做的，即使它没有按照你计划的方式进行，或没有取得期望的结果。要从你的项目资源投资中获得最大的收益，你要学会设置多种可能的结果和时间表，并计划处理每种可能情况的方法，来突破一个个“如果……怎么办”的问题。

参考资料

Austin, Jim. “Management in the Lab.” ScienceCareers.org (September 13, 2002), *http://sciencecareers.sciencemag.org/career_development/previous_issues/articles/1890_1/management_in_the_lab.*

Austin, Rob. “Project Management and Discovery.” ScienceCareers.org (September 13, 2002), *http://sciencecareers.sciencemag.org/career_development/previous_issues/articles/1890_1/project_management_and_discovery.*

Barker, Kathy. *At The Helm: A Laboratory Navigator*. Cold Spring Harbor, NY: Cold Spring Harbor Laboratory Press, 2002.

Harmening, Denise M. *Laboratory Management: Principles and Processes*. Upper Saddle River, NJ: Prentice Hall, 2002.

Heldman, Kim. *Project Management JumpStart*. Alameda, CA: Sybex, 2003.

Henry, John B., ed. *Clinical Diagnosis and Management by Laboratory Methods*. Philadelphia, PA: W.B. Saunders, 2001.

Hudson, Jane, ed. *Principles of Clinical Laboratory Management: A Study Guide and Workbook*. Upper Saddle River, NJ: Prentice Hall, 2003.

Kemp, Sid. *Project Management Demystified*. New York, NY: McGraw-Hill, 2004.

Lewis, James P. *Fundamentals of Project Management: Developing Core Competencies to Help Outperform the Competition*. New York, NY: American Management Association, 2002.

Luecke, Richard. *Managing Projects Large and Small: The Fundamental Skills to Deliver on Cost and on Time*. Cambridge, MA: Harvard Business School Press, 2003.

Martin, Vivien. *Managing Projects in Health and Social Care*. London: Routledge, 2002.

Portny, Stanley E. *Project Management for Dummies*. Hoboken, NJ: Wiley Publishing, 2000.

Portny, Stanley E., and Jim Austin. "Project Management for Scientists." ScienceCareers.org (July 12, 2002), *http://sciencecareers.sciencemag.org/career_development/previous_issues/articles/1750/project_management_for_scientists*.

Portny, Stanley E. "Project Management in an Uncertain Environment." ScienceCareers.org (August 23, 2002), *http://sciencecareers.sciencemag.org/career_development/previous_issues/articles/1820/project_management_in_an_uncertain_environment*.

Project Management Institute. *Guide to the Project Management Body of Knowledge*. Newtown Square, PA: Project Management Institute, 2000.

Sindermann, Carl J. *Winning the Games Scientists Play*. Cambridge, MA: Perseus Book Group, 2001.

Usherwood, Tim. *Introduction to Project Management in Health Research: A Guide for New Researchers*. Bristol, PA: Open University Press, 1996.

附录　一个项目管理的真实范例

工作陈述

第一部分：目的

背景　实验室的一个博士后 Theresa 想要研究 *Sumacan* 基因的改变在前列腺癌中可能的作用。她注意到 *Sumacan* 位于一个人类前列腺癌相关遗传区域，编码一个生长因子受体。实验室最近的研究集中于 *Sumacan* 在脑瘤中的作用。博士后 Bob 正在筛选阻断 *Sumacan* 功能的药物；研究生 Ming Li 正致力于阐明 *Sumacan* 涉及的作用通路；而研究生 Steve 正在进行 *Sumacan* 基因的突变分析。这些研究同样可以应用于前列腺癌，从而为获得前列腺癌基金会的基金资助开辟一个新的可能途径。

工作范畴

- 检查人前列腺癌细胞中是否存在 *Sumacan* 的作用通路。
- 比较正常人前列腺组织中和前列腺癌中 *Sumacan* 的表达，并且把表达水平与前列腺癌的临床结果加以联系。
- 检测前列腺癌病人的 *Sumacan* 突变。

策略　实验室的每个人已经在进行脑瘤中 *Sumacan* 的不同生物学方面的研究。每个方面的工作将应用于一个从我们系里的同事 Mike 处得到的前列腺癌细胞株。此外，我们已经确定了另外两个可能的合作者——研究人前列腺组织和癌的病理学家 Rajiv 和研究人前列腺癌家系的遗传学家 Kathy。我们将用现有的 R01 基金来获得初步结果。我们计划用这些结果为实验室争取第二个 R01 基金。

第二部分：目标

陈述　研究 *Sumacan* 在前列腺癌中可能的作用。

措施 1　我们的实验会提供初步证据支持或否定 *Sumacan* 在前列腺癌中的作用。

具体要求　我们要做的实验应当回答下列问题：

- *Sumacan* 在前列腺中表达吗？
- *Sumacan* 在前列腺癌中表达吗？
- *Sumacan* 在前列腺和前列腺癌中的表达有不同之处吗？

措施 2　这些实验获得的结果可以发表论文和获得基金资助。

具体要求

- 至少两篇论文（研究该项目的每个博士后各一篇）被该领域的顶级杂志接受发表。
- 为继续这个已开始的研究向 NIH 提出基金申请，第一轮申请取得的百分比评分至少进入前25%，再次提交申请后获得资助。

措施3 该领域的人意识到我们的研究。

具体要求

- 我们将会收到数次希望获得研究信息的请求。
- 我们将在科学文献上至少发表两篇研究论文。
- 我们将在一年内至少在两个大型会议上展示该研究的成果。

第三部分：约束

限制

- NIH基金申请的截止日期是2007年6月1日。这意味着大约到2007年1月1日就必须给杂志投出第一篇研究论文稿，到2007年4月中旬被接受。
- 我们实验室可用来产生初步数据的资金有限，这意味着必须每月进行一次成果检查。

需要

- 我们实验室要能够培养前列腺癌细胞。
- 我们实验室要能够处理人前列腺癌标本。

第四部分：假设

- 现在的研究队伍愿意并且能够在他们的脑瘤研究之外进行前列腺癌的研究。
- 我们找到的合作者愿意并且能够和我们团队一起工作，或者愿意提供另外一个希望合作的人的名字。

工作结构分解

活动1：确定 *Sumacan* 在前列腺中是否表达

1. 确定从哪里能够得到人前列腺细胞。
2. 确定怎样培养人前列腺细胞。
   - 确定它们要求的培养基和血清的种类。
   - 确定最佳生长条件。
3. 确定我们能否从人前列腺细胞中分离RNA和蛋白质。
   - 尝试我们从脑细胞中分离RNA的同样技术。
   - 发展出不同的技术。
4. 确定我们能否做 *Sumacan* 表达的定量RT-PCR。
   - 确定我们应该用的引物以及阳性和阴性对照。
5. 确定我们是否能够做 *Sumacan* 表达的Western blot。
   - 检测我们在脑研究中用的抗体是否适用于前列腺并确定鉴别到的蛋白质条带的大小。

◆ 确定我们在蛋白质定性和 *Sumacan* 检测时需要用哪些阳性或阴性对照。

注 步骤1到3必须依次进行，但步骤3一旦完成，就可以同时做步骤4和5。

活动2：确定 *Sumacan* 在前列腺癌细胞中是否表达

1. 确定能够从哪里得到人前列腺癌细胞。
2. 确定怎样培养人前列腺癌细胞。

◆ 确定它们所需要的培养基和血清的类型。

◆ 确定最佳生长条件。

3. 确定我们能否从人前列腺癌细胞中分离 RNA 和蛋白质。

◆ 尝试我们从脑细胞分离 RNA 的同样技术。

◆ 发展不同的技术。

4. 确定我们能否做 *Sumacan* 表达的定量 RT-PCR

◆ 确定我们应该用的引物以及阳性和阴性对照。

5. 确定我们是否能够做 *Sumacan* 表达的 Western blot

◆ 检测我们在脑研究中用的抗体是否适用于前列腺癌细胞并确定鉴别到的蛋白质条带的大小。

◆ 确定我们在蛋白质定性和鉴定 *Sumacan* 时需要用哪些阳性或阴性对照。

注 步骤1到3必须依次进行，但步骤3一旦完成，就可以同时做步骤4和5。此外，活动1和2可以同时进行，当然如果这两项任务都失败了可能会造成更高的资源耗费。

活动3：确定在正常和癌变细胞中 *Sumacan* 的表达是否有所不同

1. 确定 RNA 表达的差异。
2. 确定蛋白质表达的差异。
3. 确定 RNA 表达和蛋白质表达之间的关系。

注 活动3中需要分析活动1和活动2中收集到的数据，因此要在这两项活动完成之后才可以进行。

活动计划

活动	负责人	开始日期	结束日期	备注
确定前列腺细胞来源	Theresa	8月1日	8月5日	
确定前列腺癌细胞来源	Bob	8月1日	8月5日	
培养前列腺细胞	Theresa	8月5日	8月26日	
培养前列腺癌细胞	Bob	8月5日	8月26日	
从前列腺细胞分离 RNA 和蛋白质	Theresa	8月26日	9月26日	
从前列腺癌细胞分离 RNA 和蛋白质	Bob	8月26日	9月26日	

续表

活动	负责人	开始日期	结束日期	备注
进行前列腺细胞的 RT-PCR	Theresa	9 月 26 日	10 月 26 日	
进行前列腺癌细胞的 RT-PCR	Theresa	9 月 26 日	10 月 26 日	
进行前列腺细胞的 Western blot	Bob	9 月 26 日	10 月 26 日	
进行前列腺癌细胞的 Western blot	Bob	9 月 26 日	10 月 26 日	
比较前列腺和前列腺癌细胞 *Sumacan* RNA 水平	Theresa 和 Bob	10 月 26 日	11 月 5 日	
比较前列腺和前列腺癌细胞 *Sumacan* 蛋白质水平	Theresa 和 Bob	10 月 26 日	11 月 5 日	
进行 *Sumacan* RNA 和蛋白质水平的相互比较	Theresa 和 Bob	10 月 26 日	11 月 5 日	

注 如果需要更多的细节，这些活动的每一项都可以进一步分解。例如，如果是一个新研究生进行这些活动，你可能想要解释用前列腺癌细胞做 RT-PCR 的不同方案和应该用什么对照，以及在第一个方案不成功的情况下可用的替代方案。

根特图

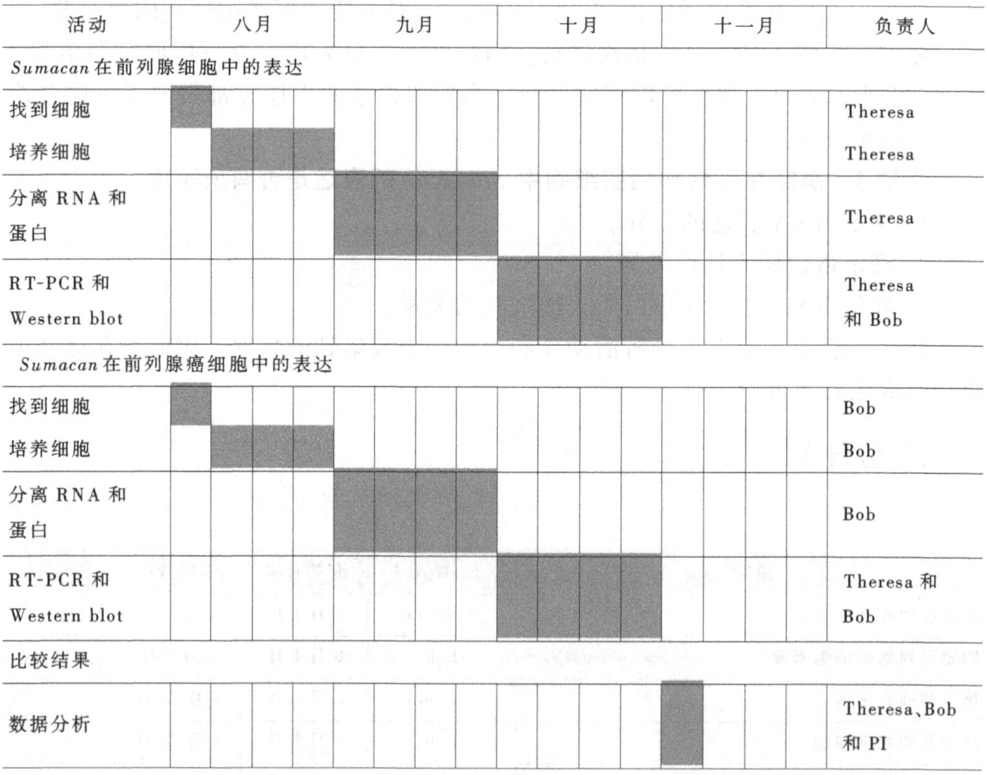

工作量图

这张工作量图展示 Theresa 的工作量。她负责确定 *Sumacan* 在前列腺细胞中的表达的前三个步骤。步骤 1（寻找前列腺细胞）在第 1 周完成，步骤 2（努力培养细胞）在第 2～4 周完成，步骤 3（分离 RNA 和蛋白）在第 5～8 周完成，步骤 4（进行正常和癌细胞的 RT-PCR）在第 9～13 周完成。此外，在项目运行期间，她还将教授一门微生物实验课（5 小时/天，每个月有一次测验）。

周	1	2	3	4	5	6	7	8	9	10	11	12	13
研究小时	7	10	10	10	8	8	8	10	25	25	25	25	25
微生物实验课时	25	25	25	35	25	25	25	35	25	25	25	35	25
总时间	32	35	35	45	33	33	33	45	50	50	50	60	50

资料来源：附录中的范例由爱默里大学医学院的 Milton W. Datta 提供。

第8章 数据管理和实验室记录本

随着科学新信息爆炸式地增长和竞争的日益加剧，同时学术科学家与企业科学家达成更多的合作，正规记录实验室活动和管理实验室取得的大量数据就变得越来越重要。

本章涵盖了一些基本要素：坚持逐日记录的重要性和实验室记录本规范；在建立一个跟踪和储存信息的系统时要考虑什么；以及为你找到合适的数据管理系统。

坚持逐日记录：实验室记录本

为什么坚持逐日记录？

在实验室工作的每个人都应当坚持详细记录每天进行的实验。下面是为什么要这样做的一些理由：

建立良好的工作规范　　实验室记录使得你的工作能够被他人重做。你保持的记录应该使你和其他人可以重复这个工作，并且得到同样的结果，从而确认或者延伸你的工作。记录也便于你准备正式的报告、论文和演讲。它们还是确定实验室成员贡献大小的依据。

教导你的实验室成员　　科学训练包括搜集信息、形成假说、设计实验以及观察结果。把这些活动仔细地记录在实验室记录本中，在你教导研究生、博士后和技术员如何分析结果，创立新理论和试验，以及回顾他们的各个步骤以找出错误的过程中，这个记录本可以提供很有价值的帮助。

> 把你所有的工作记入记录本——即使是不成功的过程也要记录。
>
> ——David Adams，杜克大学医学中心
>
> 看记录本可以让你不用见面就及时了解你的学生和博士后的工作，而当这些实验室成员离开时，记录本就更必不可少了。
>
> ——Joseph Vinetz，得克萨斯大学医学院加尔维斯敦校区

符合合同的要求　从基金到合同到专利申请，研究者都需要满足多种明确的条款和隐含的要求。为此，详细的记录和数据是必不可少的。例如，NIH有合法权利来审计和检查与任何研究基金资助有关的记录。因此，研究基金的获得者有义务保存恰当的记录。

避免欺诈行为　实验室领导者要对其实验室的诚实性以及在实验室发生的每件事负责。定期检查记录本和项目档案中的原始数据，可以发现和纠正粗心大意或彻底的欺骗，以免发展成重大问题。

问：从专利角度说，什么是"原始"记录？

答：原始记录就是可供人阅读的首个形式——例如，测量结果的打印件，而不是它的复印件。它应当有日期和签名，并归档。

问：基因组学产生了数量巨大的数据。如果这些数据被录在一张CD上，它们能被视为"原始"吗？

答：在这个计算机辅助研究的时代，很多数据由计算机收集、储存和分析。电子记录的问题是：很难证明数据没有被添加，被削减，或者以某种形式被改动。FDA已就如何保存电子记录才能满足法律审查的要求发布了清楚的纲要（http://www.fda.gov/ora/compliance _ ref/partII）。如果你有真正重要的结果，或许更安全的做法是把它们打印出来，签上名字和注明日期，并且指明为什么它们意义重大。

保护专利　美国专利法遵循的是"第一个构思"，而不是"第一个申请"的体制。这就是为什么证实发现或发明的日期的文件非常重要，以及为什么实验室记录本和其他记录的每一页必须连续编号、注明日期和签名。仔细的记录可以挽救一个专利。

电子实验室记录本

电子实验室记录本（electronic laboratory notebooks，ELN）可以进行所有原先手写的工作，而且还具有查找及组织等诱人的附加功能。通过与分析软件链接，ELN通常可以直接下载和储存数据，而且许多ELN也支持多个用户以及远程用户的安全使用。

为你的实验室选择合适的ELN需要花些工夫。要考虑的一个重要方面是这个ELN是否符合FDA关于接受电子文件的准则，这些准则发表在1997年3月的联邦管理法典（Code of Federal Regulation）的第Ⅱ部分第21条中，网络版可见http://www.fda.gov/ora/compliance _ ref/partII/。

迄今，已递交给法律进行详细审查的ELN很少，是否有许多ELN能通过测试还值得怀疑。由于这个原因，多数学术界和企业界的研究者们坚持用纸张记录。

实验室记录本规范

虽然各个科研人员负责维护他们自己的记录本，但实验室领导们还要负责确保其领导的那些人的记录本井井有条。记录科学研究的确切方法在各领域都不同，在各单位也不同，但是，有一些通用的规范，如下所列：

- 用永久装订的本子，带有连续的签名和日期标注。必要时，请人见证记录。
- 对于计算机保存的记录，你可以用活页记录本，但各页必须连续编号（使用连续页码印章），有日期标注和签名。
- 按照发生时间记录。
- 每项纪录都独自成立，以便其他人能重复这一工作。
- 用段落和标题来组织材料。
- 确定和描述所用的试剂和标本。
- 确定这些材料的来源（例如试剂生产厂、批号、纯度、有效期）。
- 记录仪器的序列号和校准日期。
- 物品都使用正规名称。
- 所有登录都用第一人称，要明确是谁做的这项工作。
- 解释非标准化的缩写。
- 用墨水书写，绝对不要删去原先写的东西；绝对不要撕掉若干页或者某一页的某些部分。
- 如果某一页是空白的，或者某一页内的一部分是空白的，画一条线贯穿空白处。
- 用胶水将所有的附件（例如图表或计算机打印件）永久地粘贴在记录本各页上，在记录本页和附件上都写上日期并签名。
- 略述新的实验，包括它们的目的和基本原理。
- 定期写入总结，就状况和发现进行实际而不是假设的总结。
- 把想法和观察立即记入你的记录本。总结实验室会议的讨论以及别人提出的想法和建议，要注明提出者的名字。

何时要有见证人？

有些公司要求记录本的所有页都要有见证人。在学术界，很少实验室遵循这个惯例，但是在某些情况下，还是需要在某个记录上留有一个见证人的签名的。

学会看出值得找见证人的记录　当你认为你构思了一个可能有价值申请知识产权的发明或者想法时，你这样认为的那天就需要有见证人。例如，如果与一个同事一起吃午饭使你产生了一个非常诱人的想法，让你干脆着急地回去把它写下来，你在记录本中记录的那一页就需要有见证人。从专利法的观点看，另一个重要日期是这个想法付诸实践，即专利术语“具体化”（reduction to practice）

的时候（见第 11 章“理解技术转让”）。

> **问**：为什么我应该学会在记录本上书写？
>
> **答**：你要建立一个精确的、原始的和永久的记录。人们倾向于将信息记录在手边最方便拿到的一片纸上，甚至实验台的纸巾上，然后再把信息转写到记录本。因此，你应该养成习惯把收集到的数据立即记录到你的实验室记录本上。
>
> **问**：如何负责任地记录错误？
>
> **答**：尽快做必要的修改，不要删去原始记录。电子文件可能需要一条新的记录，而不是覆盖去除它。如果错误是手写记入的，不要擦掉或者改变原始记录。在记录中发现错误的部位改正数据，指明原来是哪页，然后继续（例如，“试剂的浓度是我们原来考虑的 50%”）。
>
> **问**：我怎样让我实验室的人保持好的记录？
>
> **答**：应当发给所有学生、技术员和博士后他们自己的实验室记录本，里面有如何在上面做记录的说明。尽早确定要求并定期加以强调。即使在工作面试时就说明期望做到的保存实验室记录的方法和手段，也并不嫌早。许多实验室领导有一个定期评阅所有实验室记录本的制度。

知道谁可成为合适的见证人　虽然见证人所发挥的证明作用看来很像公证人，但是与公证人不同的是见证人需要精通科学。然而，见证人不应该是一个共同发明者，从法律观点看，共同发明者对于他所证明的主张有既定的利益。找到一个没有直接参与你的工作、但能理解和解释你想法的人。你也可能需要不同的人去见证含有不同想法的记录页。不要指定一个人做你实验室的“法定的”见证人。缺乏适当的科学资历支持的机械的签名不会达到法庭上可信性的标准。

记录本保存在哪里和保存多长时间

记录“正在进行”的工作的记录本应该保存在实验室，并且定期审阅。记录本通常放在实验桌上，但如果你考虑到损坏或污染的危险，制定一个规矩，每天结束时，所有实验室记录本都放入防火的橱里或者其他指定的地方。

完成的实验室记录本应该做索引，并且和相应的专利申请或者专利一起保存在安全的中央仓库。记录本应该做目录。每次有人取记录本时，应该登记借出，用后归还。每个离开实验室就职他处的人都不应该带走任何原始实验室记录本，但是可允许拿走他或她曾经使用的实验室记录本的复印件。

一般说，PI 应该将记录本一直保存到资助该研究的基金结束后至少 5 年。到那时，记录本可以继续原地保存，或者转移到存储机构。对于任何已获专利的工作，一般规则是将相应的实验室记录本保存到专利有效期结束后再加 6 年。你单位可能有你需要遵守的具体政策。如果你调到新单位，你应该查询你以前单位的政策，有的单位要求离去的员工留下他们的原始实验室记录本。

> 每块凝胶都应该干燥，并且记入实验室记录本——即使是否定的结果。
>
> ——Joseph Vinetz，得克萨斯大学医学院加尔维斯敦校区

跟踪和储存信息

建立一个数据管理系统

花时间考虑和制订一个计划以跟踪和储存你的实验室人员获得的数据。以下列出了一些对你的系统的要求：

- 能分类和查找　如果你想按照某特定标准对你系统中的数据分类，这个信息必须以可分类的形式输入。设法在开始时就确定你以后查找数据时可能使用的所有方法。这个事先考虑的做法具有挑战性但很有成效。
- 前后一致　为了可比性，你需要遵循一致的标准。如果你实验室的每个人用不同的文件命名方案，一个人的离去就可能造成混乱。制定一个一致的制度，规定如何命名电子和纸质文件，以及标识样品和标本等所有列入你实验室目录的并储存的物品。图 8.1 和图 8.2（第 125 页）展示了用于电子文件和标本的字母数字编码系统。
- 能更新记录　很重要的是你要设立一个登录试剂的系统，而且实验室的每个人都使用这个系统。

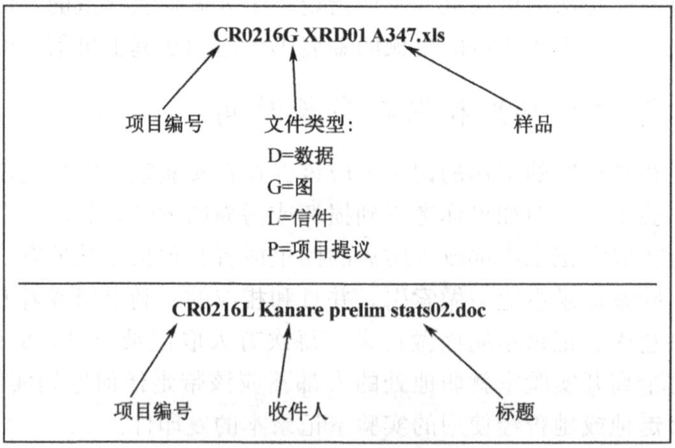

来源：Howard Kanare，构建技术实验室

图 8.1　电子文档文件名

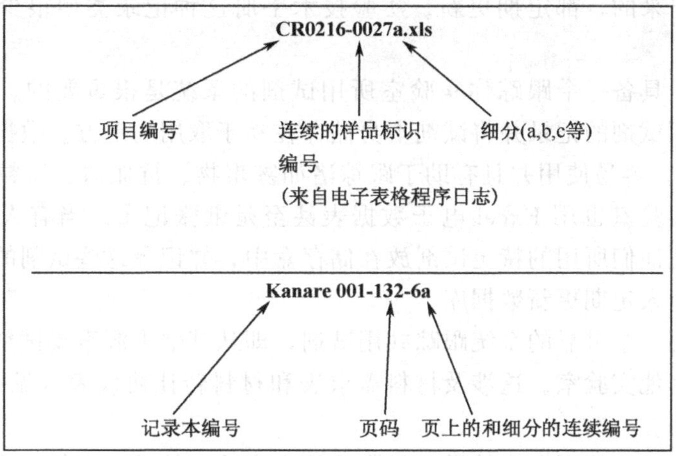

来源：Howard Kanare，构建技术实验室。

图 8.2　样品和标本标识

分配职责

仅有一个数据管理计划是不够的；要有人保证此计划得以执行。因为这是你的实验室，这是你的职责，你应去亲自处理或者委托别人处理。一旦你做出抉择，就要制订保证质量的程序，包括定期抽查你所建立的程序。确保你实验室的每个人知道什么储存在哪里，如何储存，谁需要登录那个信息。

储存什么和怎样储存

你可能想要储存下列各项：

- 实验技术手册。
- 原始数据，包括图像。
- 标本和试剂清单。
- 有关仪器的信息。

你在哪里保存这些信息及保存多长时间可能决定于信息的类型，但是你也需要考虑实验室空间、费用和在其他地方储存的安全问题，以及保存材料的保存期限。这有些一般准则：

书写打印的记录　用墨水书写在无酸纸上的记录和激光打印的记录都可以长时间存档；理想条件是大约 50%相对湿度和 21℃或以下温度。

电子记录　在理论上，CD-ROM 光盘和 DVD 光盘储存在 25℃和 40%相对湿度的避光环境中，可以维持 200 年以上。然而，软盘只有约 3 年的保存期限。同样地，磁性媒介也不是为长期储存设计的。另外要考虑的一点是，阅读信息所必需的硬件和软件是否能长期获得。

实验技术手册　许多实验室将实验技术手册保存得很全，要么是电子版的要么是打印出来的，都定期更新。实验技术手册这种记录类型很少需要你长期保存。

试剂 具备一个跟踪你实验室所用试剂的系统是很重要的。在工作进程中，保持所用试剂的记录并将试剂本身储存在易于取用的地方。数据库程序，例如 FileMaker，容易使用并且有助于跟踪诸如寡聚物、抗血清、质粒和细胞株等物品。许多实验室也用 Excel 电子数据表甚至是纸张记录。当有人离开实验室时，让他们把他们所用的特定试剂放在储存盒中，并记录这些试剂的位置。确保实验室的每个人定期更新数据库。

你还需要一个可靠的系统跟踪共用试剂，即从其他来源索要试剂以及将你的试剂转让给其他实验室。这涉及材料需求表和材料转让协议表（见第 11 章“理解技术转让”）。

仪器历史 管理和维护设备是影响整个实验室的重要责任。确保有人承担并且始终履行这些责任。实验室记录应当包括有购买、升级和维修信息的仪器日志；校准时间表和结果；性能倾向对照图；以及质量控制和保证的校核。

找到适合你的数据管理系统

许多学术实验室，特别是小实验室，使用纸张记录和简单的电子数据表跟踪样品、试剂和实验。但随着数据量及其复杂性的增长，一些研究者可能求助于专门的软件产品，例如数据库、实验室信息管理系统（laboratory information management systems，LIMS）、档案软件及整合不同应用需要的工具。

挑选一个合适的程序，即一个符合你实验室的需要和预算的程序，需要用到你的长项：研究。请教曾有过亲身经历的同事，不要羞于向你单位的信息技术办公室求助。一旦你缩小了候选软件的范围，就可以安排供应商示范，并访问使用这些系统的实验室，而且，当然要通过参考信息进行核实。你单位的采购办公室也可能给予帮助。

你应该考虑的一些问题是：

- 这个系统与你现有的软件和硬件兼容吗？它要与你的仪器接合吗？
- 其他使用者满意吗？（与你的领域中买过这个系统的人谈谈。）
- 从供应商那里能够得到什么样的支持？
- 这个系统灵活性如何？它能按你的特别需求来配置吗？
- 将要求多少培训？
- 出售这个系统的公司经营很好还是可能过几年就会停业呢？
- 它值得买吗？或者你用已有的系统能对付过去吗？你真正需要更多的软件吗？

> 冗余是有好处的。依照你实验室用的任何系统，前后一致的字母数字式的系统或其他系统，对档案、文件、样品等不同的数据来源进行相互参照。
>
> ——Howard Kanare，构建技术实验室

数据库

FileMaker Pro 是个价格不高且使用方便的软件，可以让用户在几分钟内就创建一个自定义的数据库，受到研究人员的喜爱。一些人用它来订购实验室消耗品。它可以让实验室成员跟踪订购了什么，谁订的，什么时候订的和花费了多少钱。此外，它的搜索功能允许用户快速找到以前订购的货物，而不需要在目录中查找。其他研究人员使用它来记录实验室所有构建物、质粒和细胞等及其储存位置。你可以自定义 FileMaker 的几乎所有参数以便按照你的方式工作，因此你不会被强迫按照预先设置好的方式管理你的信息。这个软件在 Mac 和 PC 电脑上都可以使用，FileMaker 的信息也可以在网站上获得。该软件的最新版本 FileMaker 8 允许你在数据库里储存任何文件，包括 WORD 文件、电影、图像和 PDF 文档。数据可以 Adobe PDF 或 Excel 文件形式发给他人。

实验室信息管理系统

传统上 LIMS 被用于那些对成千上万样品做成套测试的化学实验室。然而近年来，LIMS 向市场推出了适合于生命科学研究（例如，微生物学和基因组学）特殊需要的新产品。LIMS 可被用于：

- 接收、登录和标注样品。
- 分配工作（例如测试和分析每个样品）。
- 安排工作时间进度。
- 检查工作状况。
- 通过与仪器接口整合收集的数据。
- 跟踪记录和标本。

要知道，一个灵活的系统可能不是从包装盒里取出来就直接可以用的。你可能必须先将它设定成你的规格。

档案软件

一个实验室产生的数据量之大可能是铺天盖地的。越来越多的软件系统可以允许用户收集和储存不同类型的信息——其范围从质谱读数到微阵数据——并可将它们可视化。这些系统为实验室产生的所有数据提供了一个中央仓库。区别不同软件的一个关键特征就是：在缺少原始仪器软件的情况下能够查找和处理储存

的数据的程度。另外要考虑的重要方面是，储存的数据怎样符合《联邦管理法典》第II部分第21条中颁布的FDA标准（见第121页的“电子实验室记录本”）。

作为课题组长，你知道保持精确而一致的实验室记录以及管理实验室源源不断的数据，对你研究项目的成功至关重要。因此，要保持主动。当你建立实验室时，就要确定做记录的标准和程序，并告知你实验室的成员。做个有效跟踪和储存数据的计划，并找到一个有助于你实施这个计划的电子数据管理系统。一旦你做到了这点，你就极有望将蜂拥而来的大量数据组织得井井有条且易于查找。

参考资料

American Association for the Advancement of Science. Scientific integrity videos, *http://www.aaas.org/spp/video/orderform.htm.*

Barker, Kathy. *At the Bench: A Laboratory Navigator*. Cold Spring Harbor, NY: Cold Spring Harbor Laboratory Press, 1998.

Barker, Kathy. *At the Helm: A Laboratory Navigator*. Cold Spring Harbor, NY: Cold Spring Harbor Laboratory Press, 2002.

Food and Drug Administration. Title 21 Code of Federal Regulations, part 11 (21 CFR part 11), Electronic Records; Electronic Signatures, *http://www.fda.gov/ora/compliance_ref/part11.*

Harmening, Denise M. *Laboratory Management: Principles and Processes*. Upper Saddle River, NJ: Prentice Hall, 2003.

Kanare, Howard M. *Writing the Laboratory Notebook*. Washington, DC: American Chemical Society, 1985.

第9章 获得基金资助

你已经开始了作为一个学术科学家的生涯。你的实验室已经就绪，开始运转，你的研究项目在进行中，但是存在压力——很快你就不得不为你的研究从你单位之外的渠道寻求经费支持了。现在该学习争取经费资助的艺术了。

许多公共和私有资源支持科学研究，但是美国国立健康研究院（the National Institutes of Health，NIH）——美国健康和人类服务部公共卫生署的下属单位，是迄今美国最大的学术研究的资助者。基于此原因，本章重点围绕 NIH，突出 R01 基金——一个由研究者主导的研究项目基金，大多数刚起步的学术研究者都要申请它。

本章概述了 NIH 基金的资助过程和 NIH 用于大多数 R01 基金申请的二级评审制度。本章还详述了准备一份有实力的 R01 基金申请的必要步骤，包括把你的概念转变为坚实的研究计划并确保有适当专长的人评审你的申请。此外，这一章讨论了如果你的申请没有获得资助该做什么。本章同时提供了一些关于另一个基础科学研究的主要资助机构——美国国家科学基金会（the National Science Foundation，NSF）的信息。

> 没有什么申请基金的技巧能够将一个蹩脚的想法转变为一个好的想法，但有很多伎俩用来将其伪装成好的。
>
> ——Williams Raub，前 NIH 副院长

了解 NIH 基金资助过程

NIH 的研究所和中心

要写出一份成功的基金申请书，一个重要方面是要很好地理解基金资助机构的使命及其支持的项目类型。处于你事业的这个阶段，你大概已经很熟悉 NIH，

并且可能曾经申请过 NIH 博士后基金。然而，NIH 是由研究所和中心（institutes and centers，I/C）组成的，而且这些研究所和中心的数量在增加，结构周期性地重组。记住这一点还是有用的。（从基金申请者的角度来看，研究所和中心唯一有关的区别就是：研究所可以无须国家顾问委员会批准就能授予不超过 5 万美元的基金资助，但是中心不行。）到 2006 年 5 月，NIH 有 20 个研究所和 7 个中心。每个 I/C 有它自己的使命和研究议程，目前 27 个 I/C 中的 24 个有本单位以外的基金资助项目（在它们自己的设施和员工之外进行的研究），包括那些资助 R01 基金的项目。要确定哪个 I/C 可能对你的研究感兴趣，这对你虽然不是必需的，但会有用的（见第 138 页“在 NIH 为你的申请找个对口单位”）。

R01 评审：概述

R01 基金申请通常以研究者为主导，也可针对项目招标（Request for Application，RFA）或计划公告（Program Announcement，PA）提交申请，这二者都公布于 NIH 的基金与合同指南中（http://grants.nih.gov/grants/guide/index.html）。针对 RFA 提交的 R01 申请一般由发布的 I/C 评审。针对 PA 提交的 R01 申请则由科学评审中心（Center for Scientific Review，CSR）评审。无论如何，所有的申请都要送到 CSR，然后按照一个二级评审制度进行评审：①CSR 把申请书分配给科学评审小组（Scientific Review Group，SRG）做科学和技术价值方面的评价；②CSR 将它分配给 1 个或多个 I/C 评审它与计划的相关性并给予资助建议。（图 9.1 是二级评审制度纵览。）大约 70%的递交到 NIH 的申请由 CSR 操作科学同行评审；I/C 评审其余部分。每年 NIH 收到超过 68 000 份申请，也许只有 25%～30%得到资助。给予资助的范围年年不同，各个 I/C 也有差异。

问：在我事业的什么阶段我应当申请我的第一个 R01 基金？

答：在你接受了大学或医学中心的一个职位以后，甚至在你搬入你的新实验室之前，你的系主任就可能鼓励你申请你的第一个 NIH 基金。然而，有的专家警告说，等到你任职的第二年也许会更好，因为如果你在你的新实验室已经得到一些初步数据的话，将大大有助于你的申请。无论你决定什么时候申请，都要记得你只有一次机会处于“新 NIH 研究者”的特殊位置；要充分利用它。

问：RFA 和 PA 之间有什么不同？

答：RFA 在一个由 I/C 决定特定研究需要的、有明确限定的科学领域内征集基金申请（例如，研究西尼罗河病毒）。RFA 通常是一次性的竞争，经费会被留出资助一定数量的项目。PA 在 I/C 的某个对外研究计划有新的或拓展开的研究方向或者 I/C 一直感兴趣的科学领域内征集基金申请（例如，研究药物上瘾）。这些征集是持续性的，申请按照标准接收日期被接受。

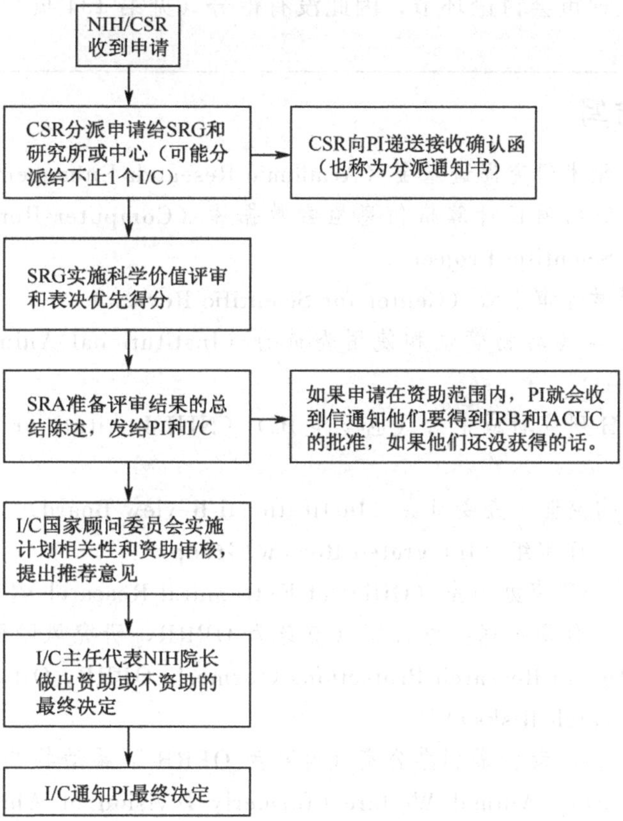

CSR：科学评审中心；IACUC：实验动物管理和使用委员会；I/C：NIH研究所和中心；IRB：机构伦理审查委员会；PI：课题组长；SRA：科学评审行政官；SRG：科学评审小组

图9.1 NIH R01基金评审过程纵览

第一级评审：科学评审小组

研究评审组（the study section）是SRG的一种形式，受命CRS评审R01基金申请。多个研究评审组围绕一个总的科学领域而组织，集成为综合评审组（IRG）。每个研究评审组有一个具体的科学方向。（为了简化起见，本章中研究评审组和SRG可以互换使用。）

R01申请通常首先被分派给一个IRG，然后给那个IRG内的一个研究评审组。研究评审组评审基金申请的科学价值，为其打一个优先顺序的数字分数，从中得出百分位排名，并且建议一个适当的支持水平和资助期限。

得分、排名和百分位　研究评审组的每个成员对每份申请给出一个排名或优先顺序得分。根据那些得分的平均数创建一个三位数字，它就是申请在NIH计算机系统中的最后得分。100是最优的可能得分，500是最差的可能得分。有的申请没能进入评审会讨论环节，因此没有得分（见第 134 页“快速否决和延迟”）。

常用缩写

AREA：学术研究促进基金（Academic Research Enhancement Award）

CRISP：科研项目计算机信息检索数据库（Computer Retrieval of Information on Scientific Projects）

CSR：科学评审中心（Center for Scientific Review）

IACUC：实验动物管理和使用委员会（Institutional Animal Care and Use Committee）

I/C：NIH 研究所或中心（也写作 IC）（NIH Institute or Center (also written IC)）

IRB：机构伦理审查委员会（Institutional Review Board）

IRG：综合评审组（Integrated Review Group）

OER：对外研究办公室（Office of Extramural Research）

OHRP：人体研究保护办公室（前身为 OPRR，研究风险防范办公室）（Office for Human Research Protections (formerly OPRR，Office of Protection from Research Risks)）

OLAW：实验动物福利办公室（前身为 OPRR 下属动物福利部）（Office of Laboratory Animal Welfare (formerly Division of Animal Welfare within OPRR)）

PA：项目公告（Program Announcement）

RFA：项目招标（Request for Applications）

RFP：征集项目建议书（Request for Proposals）

SEP：特别重点小组（Special Emphasis Panel）

SRA：科学评审行政官（Scientific Review Administrator）

SRG：科学评审小组（Scientific Review Group）

百分位是反映某个具体分数在研究评审小组的所有评分中的排名，研究评审小组在其现行会议和前两次会议上给出这些评分。例如，按照下列公式，在 100 份申请中一份排名 50 的申请应该得到 49.5 的百分位：

$$P = 100 \times (R - 1/2)/N$$

在公式中，P 是百分位，R 是排名（本例中是 50），N 是申请的总数。

每个研究评审组都有自己特定的计算方法来得出百分位，这正是 NIH I/C 能够解决众多研究评审组不同的打分形式的方法。这样，如果第 20 百分位在研究评审组 A 中对应优先得分 150，而在研究评审组 B 中对应优先得分 190，在 I/C 做出资助决定时，两个申请都被考虑为第 20 百分位并加以同样对待。

紧闭的门背后：揭开研究评审组的神秘面纱

特许研究评审组

- 受科学评审行政官（SRA）管理。SRA是一位具有医学或哲学博士且科学背景与研究评审组的专业领域相近的专业人员。
- 有12到24名成员，均由SRA招聘。他们大多数来自学术界——有的受聘长期职位，其他的是临时成员。
- 每次会议评审多达60到100份申请。
- 通常每份申请书分派给3个评委。
- 得到基金技术助理的协助，该助理向SRA报告。

依据联邦顾问委员会法案条款，研究评审组会议是封闭的。会议包括：

- 情况介绍（讨论总则）；
- 临时批准被快速否决的申请的清单；
- 讨论剩余的申请。

对申请的讨论包括如下内容：

- 有利益冲突的评委不能参与评审；
- 指定的评委陈述申请的优点、缺点及其初步分数；
- 其他成员讨论申请的科学和技术价值；
- 确定打分范围（每个成员给每份申请打分）；
- 指定性别、少数民族和儿童及人体试验的编码（NIH对于临床研究中包含妇女、少数民族和儿童有一些要求，对于涉及人体和动物的研究有严格的标准）；
- 讨论所建议的预算上的变化。

每次会议之后，SRA用一个总结性陈述记录结果，递交给I/C以及递交申请的PI。

取决于不同SRA，总结性陈述可能有所不同，但是所有的陈述都包含如下内容：

- 对评审讨论的全面概述和总结（针对被讨论和被打分的申请）；
- 指定评委所做的基本上未经编辑的评论；
- 优先顺序得分和百分位排名；
- 预算建议；
- 行政按语（例如，对人体研究或动物福利的意见）。

关于研究评审组的评审过程的更多信息参见CSR网址（http://www.csr.nih.gov）。一些专业学会，例如美国细胞生物学学会，经常在其会议上利用已经得到资助的申请模拟研究评审组进行研究评审。

很低的优先顺序得分 由于一个或多个原因，申请会得到很低的优先顺序得分。这些原因包括：

- 缺乏独创思想；
- 没有可被接受的科学理论基础；
- 在基本方法论上缺乏经验；
- 实验方法的推理上存在问题；
- 分散的、肤浅的或者无特定方向的研究计划；
- 缺乏足够的实验细节；
- 对已经发表的相关工作缺乏认识；
- 就给定的时间期限或资助水平而言大得不切实际的工作量；
- 未来方向的不确定性。

问：如果一个 SRA 要求我做一个研究评审组的评委，我该做什么？

答：在这个问题上意见不一。服务于一个研究评审组可以为撰写基金申请书提供有价值的见识，并为专业发展开辟其他途径。然而许多资深科学家劝告说初级教员应该等到获得终身职位后再接受邀请在研究评审组任职服务一个任期，因为他们应当把精力专注于他们的研究，这是裁定是否授予终身职位的主要基础。不过，在你的事业的这个阶段，同意担任临时成员也许比较合适。

快速否决和延迟　一个研究评审组在每轮评审中大概只给一半分派给它的申请书打分。通过一个所谓“快速否决”的过程，那些被评委们认为属于较差的一半的申请书由指定的评委阅读并得到书面评审意见，但它们不能进入在评审会议上被打分或讨论的环节。任何成员都可以对任何申请的快速否决表示反对，从而将它拿到会议上充分讨论。制订快速否决过程是为了有更多的时间讨论接近于可资助范围的申请以及缩短会议时间。这种更有效的程序也有助于吸引更多的评委。

研究评审组也可以延迟一个申请，例如，如果需要更多的信息以便评委可以充分地考虑这个申请。延迟申请需要研究评审组多数票通过，并且标明“DE”。延迟是不多见的。

第二级评审：I/C 国家顾问委员会或理事会

当一份 R01 申请经过研究评审组评审之后，就被呈递到 I/C 的国家顾问委员会或理事会进行第二级评审。顾问委员会由 I/C 以外的人员组成。大约三分之二都是在其各自领域总体上有所建树的科学界人士，例如学院院长或系主任。其他的是特定健康问题和病人群体的支持者、伦理学家和非专业人士。健康和人类服务部的部长拥有这些人员任命的最终决定权。

顾问委员会评定研究评审组科学评审的质量，向 I/C 相关人员提出资助方面的推荐意见，以及评价申请与计划重点的相关性。对于每个评过分的申请，顾问委员会将采取下列举措之一：

- 同意研究评审组的行为；
- 修改研究评审组的行为（但是不能改变优先顺序得分）；
- 推迟研究评审组的行为以便再次评审，不允许有任何修改（例如，如果 PI 提出申诉，委员会可以建议重新评审，因为它认为第一次评审有缺陷）。

I/C 主任代表 NIH 院长行使最终决定权。基金的授予取决于申请的科学价值、基金计划考虑以及现有资金情况。主任通常（而不是总是）遵循顾问委员会的推荐意见。

大约一半提供基金资助的 I/C 将他们的基金资助计划张贴在其网站上。基金资助计划是 I/C 在考虑预算、近期资助的历史和计划重点的基础上所预期的能够资助申请的百分位。如果那个信息在网上贴出了，你收到总结陈述之后，可以将上面显示的你申请所得的百分位与网上的进行核实。无论分派负责你的申请的 I/C 是否张贴它的资助计划，你都可以向负责行政管理待定申请/修改和已获资助项目的 I/C 项目官员询问你得到基金资助的可能性。

评审和资助周期

在国家顾问委员会多次会议的基础上，形成交叠的 NIH 三轮基金评审和资助过程（图 9.2）。然而，NIH 正试图加快资助过程，在委员会会议之前就做出资助一些项目的决定。例如，加快资助的候选者可能是一个获得高分的 R01 申请，处于一个非常有趣的研究领域，而且不涉及人体实验。

	第 1 轮	第 2 轮	第 3 轮
递交申请	2 月	6 月	10 月
SRG 评审	6 月	10 月	2 月
顾问委员会评审	9 月	1 月	5 月
最早获得资助	12 月	4 月	7 月

注：这张时间安排表是专门针对 R01 研究基金的。一定要向 I/C 核实特定类型申请的截止日期。RFA 的截止日期会在项目招标中有表述。

图 9.2　一个新 R01 申请的典型时间表

头两次会议的每次会议将分配大约 30%的基金，这要视 I/C 而定；第三次会议上分配出的基金较多。有些 I/C 可能在头两轮的资助中稍微保守一些（例如，不超过第 25 个百分位）以保留经费以备在最后一轮中有很强的申请递交上来。此外，每个顾问委员会和 I/C 机构都有“精选支付”权，可以提名虽然得分较低但是很有兴趣予以资助的申请。

刚起步研究者的机会

NIH 积极寻求资助刚起步的研究者。当申请你的第一个 NIH 基金时，在申请表中有一个小框，在里面打钩就是向评委表示你是个新的研究者（意味着你以前没有作为 PI 获得过 NIH 的研究基金）。评委对新人的申请通常要仁慈一些。

其他为刚起步研究者特设的非 R01 研究基金有：

- 受指导研究科学家发展奖励金（K01）；
- 独立科学家奖励金（K02）；
- 受指导临床科学家发展奖励金（K08）；
- 小基金（R03）；
- 学术研究促进奖励金（R15）；
- 探索/发展基金（R21）；
- 职业过渡奖励金（K22）。

这些项目中有许多定期在 NIH 基金和合同指南中发布（http://grants.nih.gov/grants/guide/index.html）。每一个都有它自己的申请资格和申请递交的标准。关于这些项目的信息和其他 NIH 的院外资助机会可登录网址 http://grants.nih.gov/oer.htm。

除了 NIH 外，还有其他联邦机构和私人机构征寻项目并资助研究基金，而且各有自己的申请和评审系统（见第 147 页“参考资料”）。你可将相同的申请递交给公共和私有部门的多个资助渠道。但是，你必须向每个可能的资助者透露你的多个申请，以免得到资助时“两边占便宜”。

尽可能从你在单位的职业轨道的角度考虑你申请的时间安排。决定了要取得终身职位时，你就要去获得基金资助。

准备一份有实力的基金申请书

开始

成功的基金申请从好的想法开始。图 9.3 和图 9.4（第 137 页）带你领略了从好想法到递交申请一直到得到资助的最终决定的一系列步骤。

一旦有了好想法，你就可以从两方面开始着手：你自己的单位和合适的 NIH I/C。这些活动在某种程度上有所交叠，但以下展示了它们进行的顺序：

在你自己的单位征询意见　一位曾获 NIH 资助的有经验的科学评委建议，你应按照加州大学旧金山校区的 Keith Yamamoto 设计的计划，在你自己单位针对你的研究建议书征询同行的评审意见。这个过程至少要在你的基金申请截止前两个月就开始，它包括以下步骤：

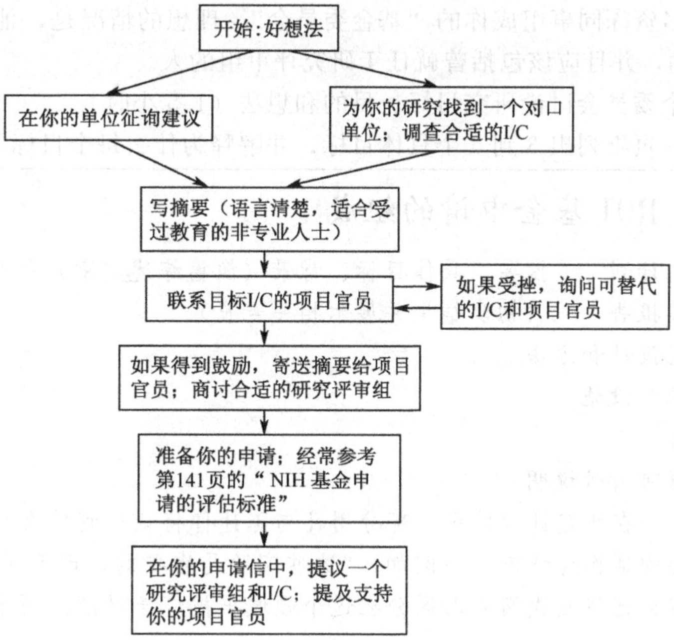

I/C：NIH 研究所和中心

图 9.3　申请：从概念到递交

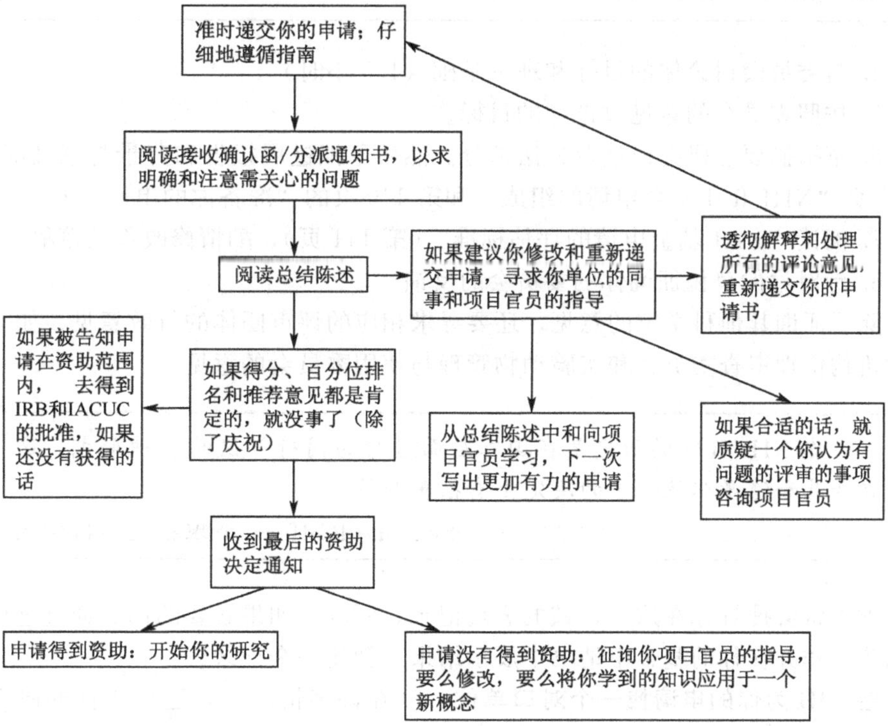

IACUC：实验动物管理和使用委员会；IRB：机构伦理审查委员会

图 9.4　申请：从递交到资助决定

1. 选三名资深同事组成你的“基金委员会”。理想的情况是，他们都曾成功获得基金资助，并且应该包括曾就任于研究评审组的人。

2. 与这个委员会讨论研究目标、目的和想法（1.5小时）。

3. 起草一页纸列出3到5个具体目标，并解释为什么每个目标很重要。

NIH R01基金申请的组成

- 研究计划　摘要、具体目标、背景（像篇综述文章）和意义
- 进展报告　（初步结果并展示相关专长）
- 研究设计和方法
- 资源和设施
- 预算
- 预算可行性说明

窍门　在研究计划的每一部分用几句陈述你将认识到什么和为什么那一信息重要的话作为结束——例如，“这些实验是重要的，因为关于X还一无所知，实验还将使我们得以区分在这个领域里被广泛讨论的两个有争议的模型。”

关于如何准备基金申请表的信息，访问网站 http://grants.nih.gov/grants/grant_tips.htm。

4. 与委员会讨论你的目标和理论基础（1.5小时）。

5. 按照委员会的意见改进你的目标。

6. 草拟摘要、研究设计及方法部分。然后草拟进展报告和背景与意义部分。（见本页“NIH R01基金申请的组成”和第140页的“准备你的申请”。）

7. 阅读“NIH基金申请的评估标准”（第141页），酌情修改你的草稿。

8. 针对你的草稿征询你的委员会的反馈。

除了征询其他科学家的意见，还要寻求相应的评审团体的行政意见，如你当地的机构伦理审查委员会和实验动物管理与使用委员会的意见。

> 你NIH R01的历史是在国家层面进行的同行评议的一种形式，这在晋升和终身职位授予的决定上有很重分量。
>
> ——Suzanne Pfeffer，斯坦福大学医学院

评委将会搜寻你在这个领域的表现记录，所以，如果必要的话，通过进行一些初步工作并在你的基金申请书中展示结果来创建一个记录。

在NIH为你的申请找一个对口单位　在许多情况下，适合于你的研究的I/C和项目官员可能就是你导师申请项目时曾打交道的那些I/C和项目官员。另一个方面，找到一个很可能对你的想法感兴趣的I/C可能要多跑跑腿。一个有经

验的 NIH 项目官员建议新手科学家应该：

- 查阅 NIH 基金和合同指南（网址为 http://grants.nih.gov/grants/guide/index.html），寻找近期相关的 PA 和 RFA。
- 在 NIH 的 CRISP（科研项目计算机信息检索）数据库中（http://crisp.cit.nih.gov）查找得到资助的与你的相似的项目。基金编号中的两个字母告诉你哪一个 I/C 资助了这个项目。
- 进行文献搜索，看看你的领域中已做过什么工作。（这有助你达到评价标准中创新方面的要求。如果适当的话，据此修改你的研究设计或方法。）

一旦你缩小了可能的 I/C 名单，登录每个 I/C 网站了解他们最近感兴趣和给予资助的是什么领域。（NIH 在 http://www.nih.gov/icd 网站列出了它的所有 I/C 和办公室。）I/C 网站一般都会描述感兴趣的科学领域，并明确负责每个计划领域和维护该领域所有基金信息的工作人员。

I/C 项目官员是帮助你决定申请什么类型基金和哪一个研究评审组可能最合适你的最好的人选。所负责的领域与你的研究最合适对口的项目官员，还可能在整个申请过程中成为你在 NIH 的最好的支持者和顾问。项目官员不去评价研究思想或科学上的质量。那份工作还是要留给你单位的同事和研究评审组。

在你访问这个关键人物之前，确保准备好你研究项目的摘要（见本页“书写摘要的技巧”）。项目官员可能会要一份复印件；如果没有要，你可以主动呈递一份给他。

书写摘要的技巧

摘要应展示整个框架——总的假说和目标、方法论和研究意义。它也应该包括关键词，NIH 的分派官员用它们来把你的申请分派给恰当的研究评审组，而不管你是否具体要求某一个评审组。尽量不用技术行话，用受过教育的外行能理解的语言书写摘要。

被一个以上的 I/C 评审 要记住，如果你得到另外一个项目官员的鼓励，或者认为你的申请与另一个 I/C 感兴趣的科学领域相一致，你可以要求把申请分派给第二个 I/C。你的申请只可能由一个 I/C 资助，但是可以被不止一个顾问委员会评审，这就扩大了你得到资助的机会。在这种情况下，申请将会被分派给一个主要 I/C 和一个次要 I/C。只有主要 I/C 选择放弃资助优先权，次要 I/C 才可以考虑资助它。

尽管你为找到合适的 I/C 事先做了准备，你接触的第一个项目官员可能认为你申请的项目不适合那个 I/C 资助。在这个情况下，项目官员可能会建议一个更适合的 I/C 和项目官员。

争取分派给合适的研究评审组

要极力提高你得到资助的机会，你能做的最重要的事就是使得你的申请被分到合适的研究评审组。在完成和递交你的申请之前，阅读研究评审组的介绍和名册。记住，标题、摘要和具体目标中的关键词会被用来将你的申请指引向合适的研究评审组。

如果你随申请附上一封信，它应该包含一个希望被分派到特定研究评审组的书面请求，并简要解释为什么你认为这对你的申请是最合适的，是因为通过你自己的调研和与项目官员的讨论你才这样确定的。要写出支持这一要求的项目官员的名字。CRS 工作人员会考虑你关于研究评审组的建议；如果你的建议合乎逻辑，他们可能会同意。你也可以提议评审你的申请需要哪类专长，但你不该提供可能成为评委的人的具体名字。

在被通知你的申请已经分派给哪一个研究评审组后，要核查一下评审组的名册，确保仍有评委具备你认为要公正、透彻地评价你的申请所必需的专长。如果你认为能够很好地解释你的研究项目的一个很重要的人不在名册上，你可以要求加上这个专家。这些请求一般会被认真考虑和予以回应，CRS 会指派一个合适的专家出席研究评审组会议进行评审，或者通过电话或电子邮件进行外部评审。同样地，如果某人已经加入研究评审组，而你认为由于某些原因这个人不能做出公正评审，你可以要求这个人不评审你的基金申请书。不过，需要知道的是，在研究评审组会议期间，这个你要排除的人会被通知你提出了这个要求。

准备你的申请

首先，确保你用的是最新版的申请表。（网站 http://grants.nih.gov/grants/forms.htm 有最新版本的 PHS 398 基金申请全套资料。）其次，遵循一个简单的俗语：早点开始，书写，阅读，休整，再阅读，修改。

在你的申请书中，你应该明确处理好下列问题，并谨记“NIH 基金申请的评估标准”（第 141 页）所给出的信息：

- 你想要做什么？
- 为什么它重要？
- 为什么你认为你能够做到？
- 此前这个领域被研究过吗（如果有，已经做了些什么）？
- 你将用什么方法，为什么？
- 为什么你认为它是可行的？
- 如果你开始的实验方法不像计划那样行得通，你打算做什么？
- 你可以从单位获得什么资源和专门知识技能？

在准备你的申请书时应该记住下述建议：

- 阅读和遵循说明，密切注意预算要求和合格的标准（见 142 页的“略谈预算”）。
- 仔细准备你的申请书，要用工具检查拼写。不管在科学水平上有多强，打字和语法错误都会留下差印象。

- 不要试图用小号字体或者狭窄的页边空白来规避页数的限制。如果你无视 NIH 的格式要求，你可能会延误你的申请。不要觉得你一定要写满全张纸；得分的是你的实力，而不是长度。
- 可量化的都要量化。
- 编辑。设法各用 2 到 3 个句子叙述你的具体目标。记住，评委有几十个申请书要评估。
- 用语言和格式为工作过度的评委们创建路标，例如：

  这个项目的**长期目标**是……

  所建议研究的**总策略**是……

  当前研究的**具体目标**是……

  预期的**四个目标**：……

  在这些实验中，将使用分子遗传学、生物化学和结构学的方法去……

> **评委关注的四个 C**
>
> **清楚（Clarity）**　在摆出你的前提时要与当前文献相互参照。
>
> **内容（Content）**　围绕与你的中心假设相关联的目标组织你的观点。（每个 I/C 的使命陈述都阐明了它的重点领域。）
>
> **概念的一致性（Coherence of concepts）**　依据以前的工作提出一致的一套想法。
>
> **前沿性（Cutting edge）**　准备承担合理的风险，最好以初步的数据为基础，将科学向前推进。NIH 根据创新性评估基金申请（见本页的“NIH 基金申请的评估标准”）。

- 不要将任何评委应阅读到的重要内容，例如关键的图，放在附录里，因为对评委并没有阅读附录的要求。
- 在正文中包含清楚的图表和示意图（连同图例）。
- 进行全面彻底的文献检索并引用所有相关文献（这方面的遗漏常会受到批评）。确保在这些已发表的结果的背景下讨论你的工作。
- 只要有初步数据，就提供。

初步数据　NIH 理解刚起步的研究者可能不太有机会得到初步数据。NIH 基金和合同指南（http://grants.nih.gov/grants/guide/index.html）经常发布为使新研究者得到初步数据而特别设计的项目公告（例如，R03 和 R21）。

NIH 基金申请的评估标准　这里有评委们对你的建议书要提的一些问题：

- 意义　它要解决一个重要问题吗？它会增进科学知识吗？它会影响这个领域内的概念或方法吗？
- 方法　实验设计和方法合乎其目标吗？它认识到可能出问题的地方并考虑替代策略了吗（换言之，有考虑周到的后备计划吗）？

- 创新　它应用新的概念、途径和方法吗？它挑战现有的范例或发展了新方法学吗？
- 研究者　要实施所建议的工作，研究者接受过适当的训练吗？这个工作与该 PI 和合作者的经验相吻合吗？
- 环境　单位的环境对提高成功的可能性有帮助吗？有单位支持的证据吗？

> **问**：如果我想继续在和导师同样的领域发展，我怎样将自己和导师区别开？
>
> **答**：让你的导师写一封信，解释他/她很高兴得知你将继续研究 X 项目，而他/她将不会去研究。在开始写申请书前就要和你的导师讨论这个问题。

要记得，每一个“是”的回答都使你的申请更有力。每一个“不”的回答都代表了科学评审过程中可能受质疑的方面。关于这些标准的详细描述，见 PHS 398 申请说明，网址在 http://grants.nih.gov/grants/grants_tips.htm。此外，评委评审新研究者基金申请的指南可见 http://www.csr.nih.gov/guidelines/newinvestigator.htm。

略谈预算

这一部分不讨论怎样为你的基金申请草拟预算。大多数研究机构有中心基金办公室，其中有经验丰富的工作人员，他们可以设计适合于所申请的研究项目同时又遵循你单位政策的预算。要去利用他们的专长。

然而，这个部分确实概述了六个与预算有关的话题。第一，直接成本与间接成本，这可能是引起学术性单位中教员和行政部门之间误解的原因。其次，模块基金，它涉及初始预算请求，现成为许多 NIH 基金申请的一部分。预算可行性说明、行政预算追加和竞争预算追加均与对初始资助金额进行追加的后续请求有关。最后一个话题关注设备成本。

直接成本与间接成本

直接成本由与进行研究项目直接有关的费用组成。它们包括薪金、雇员福利、装备和科学仪器、消耗品，例如打印纸和吸液管、试剂、实验室计算机和邮资。间接成本（通常称为“管理费用”）由资助机构支付给你的单位、用以支持你的研究但又不能轻易从一个具体基金直接支付的费用组成。这些包括行政管理、公共设施、计算机基础设施、建筑维护、安全和管理服务。这些成本可能占了研究基金总直接成本的 10%到 80%。一般地，一个单位的行政官员会代表研究者就间接成本与准许这些成本存在的资助机构（例如，NIH 或者国家科学基金会）进行谈判。然后该资助机构把间接成本经费提供给单位，同时提供需从研究基金支出的直接成本的经费。一般来说，刚起步的研究者不需要担心间接成本。然而你应该知道，对于大的基金机构而言，预算的很大部分可能包括间接成本；作为间接成本付给各单位的越多，研究者和他们的研究项目可以得到的直接成本就越少。

模块基金

为了简化制订预算过程，现在研究预算都以 25 000 美元为单位或者“模块”来申报。这适用于所有以研究者为主导的基金（R01、R03、R15 和 R21），在整个资助期间直接成本达到每年 250 000 美元。所有工资、附加福利和通货膨胀增长都必须算入模块框架里。模块的数量可以各年不同。例如，购进设备会使第一年的成本比后几年的高。申请你所需要的经费金额，但要务必证明那一金额是合理正当的。预算削减也是模块式的。R01 基金每年超过 250 000 美元，而 P01 基金则不是模块式的。

预算说明

预算说明是对所建议费用的分类描述。总的来说，它要解释人员和消耗品/服务消费模式，用来估计/计算这些款项的方法，以及其他细节，如列出组成一个类别的总费用的款项等。预算说明应该能够解释各个主要的花费类别，如：

- 人员

  职位数和每个职位的专业技能水平；

  每个职位的工作时间百分比；

  建议的研究团队中每个成员将做什么？

- 设备

  你为什么需要这个设备？

  你使用什么设备获得了初步数据？

  为什么上述设备不足以支持 R01 水平的研究工作？（分摊新设备成本是可取的。）

- 消耗品

  分类。

- 解释大额花费
- 旅行

  描述提议的会议、出差者和每次差旅的估计费用；

  说明任何国外旅行的正当合理性。

- 其他

  详细描述每天动物费用；

将其他花费进行分类。

行政预算追加

这个预算要求支付无法预见的费用，它一般是由于初始预算的设想发生改变而产生，例如同位素或动物照料成本增加。行政追加偶尔也用于特殊用途。比如，你可能得到行政追加支付给在你实验室工作的一个少数民族学生。这些申请会交至 I/C 项目职员而不是交给 CSR 去做同行评议。如果你对这类申请的适当性有疑问，就去问你的项目官员。

竞争性预算追加

竞争性延长申请是为想要修改获批工作范围的 PI 而设计（例如添加一个目标或继续一项令人兴奋的前沿工作）。这些申请要经过竞争性的同行评议过程，通常由评审原先申请的同一个研究评审组评审。如果你要考虑这个机制，问问你的项目官员从资助的 I/C 那里获得那些经费的可行性如何。

在本章最后的参考资料中列出了关于实验室预算的更多建议。

> ### 对外研究办公室薪金上限小结
>
> 2004 年 10 月 1 日至 12 月 31 日：
> 175 700 美元
> 2005 年 1 月 1 日至 12 月 31 日：
> 180 100 美元
> 2006 年 1 月 1 日至 12 月 31 日：
> 183 500 美元

设备：你应该知道什么

当你正计划购买设备时，要记住以下方面：

- 分摊成本有许多好处。考虑安排你的系或单位分摊设备成本。
- 如果你需要新设备来继续你的研究，在你的延续资助申请中要提出这一要求。永远不要在基金资助期限的最后一年申请大的设备经费。
- 只有基金资助期限结束之后，你的单位才拥有用你的基金投资的设备。如果你是 PI，你要换个地方工作，这个设备一般跟着你走。
- 如果你在设备相关方面存在任何疑问，询问你单位的基金管理专业人员。

你也许可以通过 NIH 的国家研究资源中心运行的仪器基金共享项目（S10）或者小型仪器基金项目（S15）获得设备费用方面的帮助。有关这些项目的更多信息，访问 http://www.ncrr.nih.gov。

递交你的申请书

遵循邮寄说明。申请书必须在公布的接收截止日期之前收到，或在接收截止日期之前或当天寄出。将你申请书的复印件礼节性地寄给 I/C 项目官员是合适的。

确认函

NIH 会寄给你一份接收确认函，也称为分派通知书。仔细阅读它以确保所有的信息都正确，并且你没有什么要担心的（如分派到的研究评审组不是你所要求的）。这封信包括以下条款：

- 一个申请编号，该编号中的代码分别代表基金类型、指定的 I/C 以及用作识别申请的 ID 号码。ID 号码中的两个字母表示你的申请被指定的主要 I/C。
- 被指定的 SRG（或者研究评审组）。
- SRA 的名字和联系方式。

这封信也会告知预期的评审和资助决定的大致时间安排，并说明当你有问题时与谁联系。

新数据

如果在你递交申请书之后又得到了新数据，与你的申请书被指定的研究评审组的 SRA 联系。你可能被允许递交这一附加信息。SRA 可以告诉你递交多少，使用什么格式，什么时间交和交到哪里。

理解总结陈述

在研究评审组会议之后，SRA 会起草一份总结陈述（见 133 页“紧闭的门背后：揭开研究评审组的神秘面纱”）。通常，总结陈述会直截了当地告知你的研究看来能否得到基金资助，但是，在有些情况下，你可能需要一些帮助来理解它。例如，如果你的总结陈述建议修改和重新递交，难道评委们真想要再看见它吗？还是他们仅是客气地避免直接声明他们认为你的假设是站不住脚的，你的期望太高，或者你的方法有很大的缺陷？

项目官员通常参加研究评审组会议或者派一个同事参加会议，因此能够帮助你解释科学评审结果。如果项目官员当时不在会议现场，他或她可以打电话给 SRA 获得指导。你单位的指导者或基金委员会也能帮助你评估总结陈述。在国家顾问委员会会议之后，你可以与项目官员讨论获得基金或进行修改的可能性。

评审过程中偶尔也会发生错误。如果你相信是由于评委忽略了你的申请中的信息而批评你，或者你认为由于其他原因评审存在问题，咨询项目官员是否有可能投诉研究评审组的决定。尽管这个行动有时是适当的，但通常更好的办法是针对评审意见进行处理再重新递交你的申请。在这个问题上听从项目官员的指导。

如果评委认为你开始的假设有严重缺陷，就不要浪费时间修改和重新递交申请了。而要尽可能从总结陈述中学到更多的东西，并且与项目官员以及你的同事们讨论，重新考虑你的项目和方法，下次写一份更有实力的申请书。

重新递交你的申请书

如果你的申请没有立即获得资助，要知道 NIH 平均资助率为 20%～25%，许多申请第一次都没有得到资助。如果项目官员认为你的申请还值得去修改，要记住以下几点：

- 评委评审经过修改的申请时，会去看以前评审的总结陈述。
- 总是谦恭地对待评审意见。
- 要根据所有的建议和意见作出反应，即使你不同意它们。
- 修改处要清楚：申请中每个针对评委批评而修改的部分都要标出。
- 需要的话，提供现在获得的任何额外数据，并更新你的发表论文清单。
- 在截止日期前重新递交修改后的申请书。现在你修改后的申请书，随同其他申请者递交的下一批新申请书一起，重新开始了它接受评审的旅程。

虽然你的第一直觉可能是要求将你修改过的申请分派给一个与上次不同的研究评审组，但你需要有一个非常有说服力的科学理由才能使那个要求得到认同。此外，不同的研究评审组常有可能找到另外的理由批评你的申请。

修改后的申请书取代了以前的版本，擦掉了早先的得分，在资助决定过程中把你向成功推进了一步。然而，随着资助周期的前进，I/C 工作人员更加清楚他们本财政年度资助经费预算还剩下多少，如果他们认为你的首次申请得分看来有希望获得资助，他们可能重新激活以前的申请书（见第 135 页的“评审和资助周期”）。如果你递交了修改后的申请书，之后项目官员告诉你撤回它，因为你获资助的可能性现在看来很大，那就照他说的办。

你能够或应该有几次机会去修改和重新递交同样的申请？NIH 的政策是在第二次修改之后，你必须重新考虑你的项目和方法，递交一份新的申请书。

国家科学基金会

国家科学基金会（The National Science Foundation，NFS）是一个独立的联邦政府机构，年度预算大约 55 亿美元。在美国学院和大学中进行的所有联邦政府支持的基础研究中，大约 20%是它资助的。它只为非医学的生物研究提供资助：根据 NFS，“……研究目标与疾病相关的，包括病原学，身体或大脑疾病的诊断或治疗，人类或动物的异常或功能失常等研究工作，通常都不予以资助。这些情况的动物模型，或药物开发或试验，以及其他治疗这些疾病的程序也是不能获得资助的。”完整的信息可见网站 http://www.nsf.gov。有关生物学的资助机会的信息可见 http://www.nsf.gov/dir/index.jsp?org=BIO。

参考资料

一个获得 R01 基金资助的例子

带评注的 R01 基金申请（NIAID），http://www.niaid.nih.gov/ncn/grants/app/app.pdf.

NIH I/C 和办公室

一般信息，http://www.nih.gov/icd.

NIH 同行评议：过程、表格、指南

CRISP 是一个能搜索在大学、医院及其他研究机构进行的联邦资助的生物医学研究项目的数据库，http://crisp.cit.nih.gov.

同行评议过程概述，http://www.csr.nih.gov/review/policy.asp.

研究评审组名册，http://www.csr.nih.gov/Committees/rosterindex.asp.

基金申请表，http://grants.nih.gov/grants/forms.htm.

准备说明，http://grants.nih.gov/grants/funding/phs398/phs398.html.

实验动物福利办公室，http://grants.nih.gov/grants/olaw/olaw.htm.

NIH 资助机会

基金和资助机会，http://grants.nih.gov/grants/index.cfm.

基金与合同指南，http://grants.nih.gov/grants/guide/index.html.

基金网站地图，带有其他相关网站的连接，http://grants.nih.gov/grants/sitemap.htm.

院外研究办公室，http://grants.nih.gov/grants/oer.htm.

其他资助信息来源

FedBizOpps 是一个正在建立的数据库，包含所有联邦政府 25 000 美元以上的资助项目，http://www.fedbizopps.gov.

GrantsNet 由美国科学促进会维护，http://www.grantsnet.org.

实验室预算

Brown, Megan T. "Preparing and Managing Your First Lab Budget: Finance 101 for New Investigators." ScienceCareers.org (October 22, 1999), http://sciencecareers.sciencemag.org/career_development/previous_issues/articles/0210/preparing_and_managing_your_first_lab_budget_finance_101_for_new_investigators/(parent)/158.

Harmening, Denise M. *Laboratory Management: Principles and Processes*. Upper Saddle River, NJ: Prentice Hall, 2003.

McClure, Michael. "From Science Fair to Science Fare, Part 2: Establishing a Revenue Stream." ScienceCareers.org (February 28, 2003), http://sciencecareers.sciencemag.org/career_development/previous_issues/articles/2240/from_science_fair_to_science_fare_part_2_establishing_a_revenue_stream/(parent)/158.

第 10 章　发表论文并提高知名度

你在科学上的成功取决于你发表相当数量论文的能力，同事们会注意到你这种能力并对你肃然起敬，基金资助机构和终身职位评定委员会视它为你科研成就的证明。在某种程度上，你还要负责帮助你的博士后和研究生成功发表论文。经过几年的研究生学习和博士后研究后，你应该熟悉科学论文写作及学术发表中的同行评审流程。本章提供了一些规划论文发表的技巧和一些有助于将你的工作发表出来的诀窍。本章还为提高你在学术界的知名度出些点子。

科学论文发表概述

本节综述了发表过程中的一些基本问题。

期刊类型

在种类繁多的同行评审期刊中，各期刊在针对的读者群和提供的内容范围方面各不相同。例如，部分期刊，尤其是顶级期刊，通常面向广泛的科学读者。其他期刊旨在较小的范围内发表某一学术领域的研究。此外，在学术出版界存在一个等级体系。一些期刊比其他期刊享有更高的权威性，这种情况部分取决于每种期刊的“影响因子”——一种衡量某一期刊发表的论文被其他论文引用频率的参数（见 149 页“关于影响因子”）。越是有权威性的期刊，在上面发表文章的竞争也就越激烈。

刊载形式

在科学期刊中，尽管综述和评论时常占据了相当版面，但是原创研究仍居于中心地位。依据研究完成的程度，原创性研究可以多种形式发表，包括完整篇幅的文章、简明通讯、技术评论，或甚至是读者致编辑函。

作为一名刚起步的研究者，你要着重以同行评审的完整篇幅的文章形式发表你的研究。无论是终身职位评定委员会还是基金资助机构的科学评审组，目前都看重这类论文。在大多数领域，技术评论和致编辑函的分量都很轻。

也许你值得花时间好好写一篇有用的综述，特别是你写基金申请时反正已经搜集了所有文献；然而综述的分量比不上原创研究。好的综述常会被其他科学家频繁引用，这会增加你的引用指数（一种衡量你的研究被多少名研究者引用的指数）；这一指数有时会对终身职位评定委员会产生影响。但是，写综述是一项非常费力的工作，要把综述写好，你需要该领域广泛而深入的知识，获得这些知识通常要长期积累经验及结识众多愿意与你分享未发表数据的同领域科学家。写出暴露你专业知识贫乏的综述是一件令人尴尬的事，因此一定要谨慎。

随着事业发展，你可能会考虑通过其他途径表达你的观点，如信函、评论及探讨科学趋势等。大多数读者会关注这类“头版素材”，因此，贡献这类文章会快速广泛地提高你的知名度。然而在顶级期刊中，“头版素材”常由编辑约稿。

编辑

有些期刊编辑是专业编辑，作为科学家他们经过专业训练，只是已不在实验室工作而已。其他编辑则是在职科学家，他们有自己的研究项目，但同时担任一定任期的编辑。像《细胞》(*Cell*)、《科学》(*Science*)、《自然》(*Nature*)和《公共科学图书馆——生物学》(*PLoS Biology*)这些期刊的员工都是专业编辑。当与专业编辑讨论你的研究工作时，务必要利用这一机会强调你论文的普遍关注性并解释该研究的微妙之处。在职科学家编辑对这些方面可能更有了解。

关于影响因子

汤森路透（Thomson Reuters）发表了若干类型数据，其中，影响因子是衡量某一期刊中的“一般水平的文章”在某一年或某一时段内被引用频率的参数。每年更新的影响因子是用该期刊当年被引用次数除以在过去两年中所发表的可引用文章数量而计算出的。

尽管影响因子常用来对某一期刊的权威性提供大致估计，但很多其他因素会影响期刊的影响力和排名。例如，综述文章通常比研究性文章更频繁地被引用，因为前者常被作为早期文献的替代品，对于不鼓励大量引用参考文献的期刊来说情况更是如此。因此，包含综述文章势必提升期刊的影响因子。

衡量引用的还有其他方法，包括谷歌学者（Google Scholar）和克劳斯瑞夫（CrossRef）。英国系列集团（the United Kingdom Serials Group）正在推出“使用因子（usage factor）”（http://www.uksg.org），而谷歌已开发出“Y因子”（http://www.soe.ucsc.edu/～okram/papers/journal-status.pdf）。

制订发表计划

鉴于发表原创性研究论文对于你的职业生涯至关重要，本节将针对投交和发表该类论文进行论述。

了解论文发表时机

终身职位评定委员会希望你作为有经验的作者每年在你研究领域排名高的期刊上至少发表一篇论文。(有些系和研究机构可能希望每年数篇；一定要和你的指导者讨论这些期望值。）如果你有一个或几个希望从事科研的博士后，他们每个人都会面临相似的发表论文的压力。要想获得教员职位，候选人通常需要在两篇或更多论文中担任第一作者，并且至少有一篇是影响力大的论文。

研究项目都有一个水到渠成、很自然地要发表论文的时机（见 151 页的“制订一个研究和发表的综合计划”)。但是，你也许要在这一时机到来之前就详细写出你的研究结果。如果你的研究领域里有竞争，而你等到时再发表，那你就冒被“抢先”的险；出现这种情况时，你就只能放弃原来预想的期刊，而在权威性低一点的期刊上发表你的研究了。同时，如果你想等到获得全部结果才去发表，你也许就达不到每年发表一篇的晋级终身职位的要求了。

在决定何时发表时，你必须多方面权衡考虑，但在有选择余地时，尽量克制赶快拿去发表的诱惑。要记住，长远看来，发表论文的质量才是最重要的。一篇尚未完成或马虎拼凑的论文被接受发表的机会较小，这样也不能有效利用时间。更糟糕的是，不正确的结果将损害你的声誉。

> “写一篇不完整或有疏漏的文章不是有效利用时间，因为写一篇好的或差的论文通常花费同样的时间。”
>
> ——Tom Misteli，美国国立癌症研究所

选择期刊

现在大多数论文都有多位作者，因而选择在何种期刊上发表往往需要大量协商。作者们通常希望在可能接受他们论文的最权威的期刊上发表，但至于哪个期刊最具权威将会意见不一，磋商的情况也因人而异。作为课题组长，你要考虑你实验室学生和博士后的建议；但通常由你做最终决定。如果两个或更多课题组长同为作者，论文涉及各实验室之间广泛的协作，在何种期刊上发表的抉择将会变得更加复杂。

以下这些问题能引导你进行决策：

◆ 我的结果是否有足够的突破性，是否会引起普遍关注，从而能被顶级期

刊考虑接收？我能通过更深远的阐述让我的结果变得令人振奋吗？

- 即使我的结果不那么惊天动地，我是否采用了跨学科的研究方法，使多个学科的科学家都对我的发现感兴趣，从而适合在综合性期刊上发表？
- 如果我的结果主要在我的专业研究领域产生共鸣，哪些期刊面向该专业领域人员？在这些期刊中，哪一个或几个期刊在过去几年间曾发表过我这一课题领域的论文？
- 是否会有期刊因为我的课题正好符合其需求的主题而特别感兴趣？有些期刊和编辑常常倾向于追求他们本身的特殊兴趣。

顶级期刊所收到的投稿远多于他们所能发表的数量。例如，《自然》杂志收到的生物医学方面的稿件中有95%被退回。要现实看待你的机会。如果你的文章投给了不合适的期刊，你就会损失宝贵的时间。

询问你信任的同事，了解他们认为你应该向哪投稿将会有帮助。如果他们经常为你所属领域的几个期刊担任审稿人，那他们会对各期刊的标准了如指掌。

制订一个研究和发表的综合计划

试图写一篇可能永远也完不成的“理想论文”，或投出一系列不完整的论述，这两者之间要找到一个折中的办法。找到这一折中点的一个方法就是将你发表论文的计划融入研究计划。在 *At the Helm: A Laboratory Navigator* 一书中，凯西·巴克（Kathy Barker）为此提出了解决之道。在你决定长期研究目标并希望开展一系列实验或计算时，建议将这些实验或计算视为一篇或一系列已经发表了的论文稿件的组成部分。通过图形进行思考，想象每组结果将怎样在图形中展现出来。一开始就将你的想法付诸文字，勾画出你想要探讨的假设、欲采用的方法及希望得到的结果。通过融合研究计划、不断展现数据及解释性写作，你强迫自己集中精力推进项目。你在分析和详细撰写每一实验结果时产生的问题应该暗示着需要额外实验来澄清问题，这些你也要以图形表示出来。在撰写中，你会发现不完整的信息、不牢靠的结论等疏漏。最终，你应该能够确定，你有一套保证发表的结果了。

推销自己

要保证你针对合适的期刊撰写论文，你应向目标期刊投石问路，询问试探他们是否对你的论文感兴趣。大多数期刊都会指示如何递交这种所谓的投稿前询问，你可以登录该期刊网站查找相关信息。如果该期刊网站没有提供指南，你可以给一个编辑发电子邮件询问。（尽力找出负责你研究领域的论文的编辑姓名。）

投稿前的询问通常包括以下方面：

- 一份阐述研究项目目的、方法、主要发现和结论的论文摘要。该摘要可以稍长于典型的研究论文摘要，还可以包括相关文献的引文。要确保非专业人士也能读懂该摘要，以便他们理解论文在科学上有何先进性。

- 一封简述哪些问题促使你开展这项研究的附信，研究的内容是什么，你为什么认为你的发现或研究方法有意义，你的发现在该领域如何超前，及其为何能引起该期刊读者的特别兴趣。附信长度不应超过 500 字。

通常，投稿前询问会在几天内得到答复。如果几天后仍无音信，可以通过电话或电子邮件询问。如果你与编辑电话联系，要充分利用这一机会推销自己。一定要表达出你的研究背景——使你的某项努力具有意义的大环境。

你可能得到两种答复“我们不感兴趣”或“将全文发过来”。对投稿前询问的肯定反应并不保证稿件将被送去进行正式的同行评审，编辑要见到实际论文以后才会决定。

发表论文

撰写论文

一旦决定了向哪个期刊投稿，重温该期刊的编辑指南（见该期刊网站，或直接向编辑索取）并谨慎遵循。

撰写论文时主要应考虑的是明确表述你最重要的发现及其对你研究领域的影响。不要让稿件看起来像实验室的数据汇编；要保证读者能理解你在该研究领域如何超前。但不要言过其实——夸大研究的重要性只会得到审稿人的轻蔑。

由做第一作者的学生或博士后撰写论文初稿。鼓励他首先准备图、表及图例，因为只有看着最终形式的数据，作者才能写出好的科学论文。然后和他一起将论文修改成形。也许这不是效率最高的论文写作方式，但重要的是使你实验室的人获得撰写论文的经验和反馈信息。

一旦初稿写好，请你研究领域里和系里的同事们审阅。让你实验室里可以查阅你的数据和引用文献的人校稿。千万不能看起来粗心大意，这会使别人怀疑你所有工作的质量。将论文交给其他研究领域的人审阅，看他们能否理解论文的重要性也是一个好主意。

特别难写的三个部分是题目、摘要和投稿信。

题目和摘要　手稿完成后就要拟定题目并撰写摘要。题目要总结文章最重要的信息。摘要应对论文进行简要概括并应独自成篇。对实验目的、方法、主要结果和结论进行描述。除非论文的主旨是一项新技术，否则方法部分只需用一句话或若干个词进行概括即可。要记住，摘要就是告诉那些可能无暇阅读你文章的人们——你做了这样的工作。如果摘要能吸引他们的注意力，他们可能会阅读你的论文，而不是跳到下一篇摘要。同样要注意，在电子图书馆和普通图书馆中，题目和摘要是用来检索论文的基本工具。

投稿信　投稿信应阐明论文的重要性及其为什么适合你所投的期刊。在投稿信里，你可以引述你领域中的一个主要问题，并叙述你的论文是如何帮助回答这一问题的。你可以列举该期刊发表过的这一领域的其他论文，或提供其他理由说明为什么该期刊的读者将会对你的研究感兴趣。在这封介绍性的信中，你要指出该领域内是否存在可能导致你被“抢先”的竞争，还要包括一份审阅过稿件的同事的名单，以及确保审阅过程公平所需的任何信息。多数期刊让你有机会提议哪些人有资格对你的研究进行评论，同时排除一至两名可能是你的竞争者的个人，在论文发表之前他们不应阅读你论文所述的研究工作。务必要利用这一机会。

介绍怎样撰写科学论文的书和文章很多，无论是到书店或上网都可以找到。（部分书和文章在本章末的“参考资料”中列出。）

投交论文

大多数主要期刊要求在其网站以电子版本投稿。每种期刊各有自己的要求，例如好用某些文字图片文件格式和上传文件程序。在期刊网站可以找到有关信息，务必遵照执行。

无论收到纸制的还是电子版的稿件，大多数编辑都会通知你并让你了解审阅流程所需要的时间。

提交图像文件

现在，大多数图像都以数字形式获得，使用诸如 Adobe Photoshop 的软件编辑图像简单易行。但是，调整图像有可能造成不当的数据改变而被判定为科学不端行为。自 2002 年，《细胞生物学杂志》（*Journal of Cell Biology*）干脆常规检查所有接收稿件中的每个图像，看是否有编辑痕迹。在一些情况下，这一举措会使编辑不再接受某篇论文，有时还会通知各相关研究机构。其他著名的期刊也可能采取相似措施。

《细胞生物学杂志》对图像的编辑注意事项进行了如下表述：

“不能在图像内增强、模糊、移动、去除或引入任何特定特征。组合来自同一块凝胶的不同部分或来自不同凝胶、区域或胶片的图像时，必须在图片安排（如使用分组线）和图例注释中明确显示。只要不会模糊或去除原图中的任何信息，针对整个图像进行亮度、对比度或颜色平衡的调整是可以的。非线性调整（如改变 gamma 值）必须在图例中注明。”

更多信息详见罗斯纳和山田（M. Rossner and K. M. Yamada）在《细胞生物学杂志》2004 年 166 卷 11-15 页的文章“图中何物？——操纵图像的诱惑”（*What's in a Picture? The Temptation of Image Manipulation*）。

审稿流程导航

在为你的论文选择审稿人时，期刊编辑会考虑你所建议的人选、他/她本人在该领域的知识并查阅文献。

接受审稿人的评论 很少有稿件在第一轮审稿后即被接收。当收到编辑的决定和审稿人的评论后，你要决定下一步怎么做。有时编辑会表示，如果你做一些小修改或额外做些实验，他们愿意发表你的论文。其他情况下，编辑会说研究工作有潜在意义，但不够深入或有显著缺陷以致不能发表。还一种可能是，审稿人建议编辑即使论文修改了也不予发表，因其不够新颖或不符合该期刊的针对领域。大多数编辑会乐于和你电话交谈，帮助你确定是修改论文后重新投交还是改投其他期刊。无论怎样，在这样的通话中千万不能感情用事。

对评论作出反应 不要为自己辩解，而是钻研编辑每条评论的主旨所在。珍视所有好的建议。仔细阅读审稿人的评论，并以书面形式向编辑反馈。收到编辑的评论后，不立即做出反应而是等上两天，这是个好主意。仓促的回复和情绪化的反应会使你失掉再投稿的机会。

如果评语要求增添信息，这些信息要多进行一些实验才能得到，那就完成这些实验，然后回复编辑。为简化这一过程，你可以重述每一评语、做出应答，并且明确指出你依照建议对论文哪些地方进行了修改。如果手稿的主要问题是没有表达出该研究的重要性，你就要重写论文并添加更多数据。你可先询问编辑，确保这的确是该做的事。

最后，你需要作一个成本-利益分析。如果你认为去满足所有审稿人的要求会使整个研究工作陷于不必要的实验的话，那么除了改投其他期刊，你也许别无选择。

如果你被邀审稿

随着与期刊编辑关系的发展，你可能被请去审阅其他科学家投交的稿件。要严肃对待，迅速而详尽地完成审阅工作。如果你没有时间或者认为自己缺乏相应的专业知识，应立即告诉编辑。他们不会因此对你有成见。拖拉、粗劣的审稿结果反而会影响编辑对你的口碑。担任审稿人有很多潜在的益处。你不但能够了解别人的研究，还能提升自己的批评技能，巩固你作为一名知识渊博的科学家在编辑心目中的地位。如果你出色地完成了审稿任务，将来你的论文也会更受重视。编辑会请你不要披露任何所审阅稿件的内容，并提醒你不要利用所掌握的未发表结果的知识推动自己的研究。要严肃看待这些警告——遵守审稿流程的保密原则是至关重要的。如果存在利益冲突妨碍你审阅某一稿件（例如，你与所审稿件的作者存在直接竞争关系，或稿件作者是你过去的博士后），你要立即停止审稿，并告知编辑。如果你审阅稿件以后，他们才发现存在利益冲突，那就会招来不满。

如果你认为被要求额外增加的某个实验是不合理的，可以写信解释为什么不做该项实验或者为什么该实验对巩固论文的结论不会有帮助。在进行论文修改之前，可以与编辑商讨你存在疑虑之处。例如，你可以问："如果我修改A处和B处，但我不是做实验C而是做实验D，你认为还需要对手稿进行修改吗?"要记住最了解你的工作细节及研究工具方面局限性的人是你自己。如果你认为审稿人的评论完全不着边际，写信辩解你的疑虑。当所有三个审稿人或只要其中两个对你的论文有很深的疑虑时，就很难向编辑证实是审稿人的偏差了。

无论进程怎样都要保持情绪稳定，绝不可贬低审稿人。现实情况是，审稿人，尤其是还管着自己实验室的审稿人，时常处于超常的时间压力之下。偶尔，被选的审稿人可能不具备审好某篇文稿所应有的专业技能。无论何种情况，都不要怀疑审稿人的专业能力。如果你认为审稿人忽略了一个重要方面，可以礼貌地告知编辑，如果有必要，他可以为你的论文额外指定审稿人。

转投其他期刊 如果你被告知，你的论文不适合在你最初投稿的期刊上发表（例如，论文不够创新或着重点不恰当），通常最好的办法就是转投其他期刊。有些情况下，你不必告诉第二个期刊的编辑你曾在别处投稿且被拒，这可能不利于审稿过程。例如，如果你的论文被《自然》拒绝了，你转投《科学》（或者相反），不要让第二个期刊的编辑知道这一情况。这些期刊都争着刊登最好的论文，而不愿发表另一方拒绝的稿件。然而，如果你的论文曾被《自然》或《科学》审阅，且审阅结论普遍是肯定的，但是编辑觉得论文的影响度还达不到顶级期刊的要求，在转投二类期刊时，你可利用审稿人的评语提高论文的分量。请第一个期刊的编辑支持你转投稿件，并告诉第二个期刊的编辑你的稿件曾被审阅。这也许会加速第二次审稿的进程。

无论采取何种行动，绝不能将被拒的手稿原封不动直接转投第二个期刊。可能发生的情况是，如果同样的审稿人第二次收到你的稿件，见你完全无视他们的评论定会心生不快。

提高知名度

你的耐心和坚韧有了回报，你的论文终被一家好杂志接收。现在，你可以合理合法地将新发表的论文用于自我推销了。要让全国的科学同仁知道自己，你可以采取如下措施：

- 在你的个人网站及与朋友的电邮通讯中公布发表情况。考虑将论文做成便于获得的PDF格式。
- 在你自己的单位内举办一次专题研讨会或工作午餐会，介绍你论文中报告的研究以及你未来的研究计划。这样做相对容易，是种好的常规做法。
- 电话联系全国在大学里工作的朋友，到他们的单位或他们组织的会议上做报告介绍你的研究。但是，如果你不认识会议的组织者，不要以书信方式毛遂自荐。这会让人觉得你骄傲自大，并置人于不得不拒绝你的尴尬境地。

- 一旦你受到邀请，就要认真对待。准备并演练好你的演讲。
- 考虑面向公众。与你大学的公共关系办公室取得联系，请其帮助联络媒体。把科学家的卓越工作公之于世正符合大学的自身利益。
- 如果你的研究受外单位资助，尽快让资助机构的适当人员获悉你的论文发表情况。
- 如果一名记者与你联系，尽量与他（她）进行对话。你大学里的公共关系办公室会帮助你准备接受采访。记住很多记者并非科学家，你需要给他们提供足够的背景知识以便理解你研究工作的重要性。如果可能，请记者在发稿之前将报道给你一份以便检查其准确性（然而要注意，很多记者的工作时限很紧，将不能满足你的请求）。

将你的研究工作发表和宣传你的著作都是至关重要的，在学术交流中二者是相互关联的。因此，在通过发表、演讲及其他手段向学界同仁推介你的研究工作时，须考虑“全局”，还要“看长远”。

> 我很早就了解到，如果你想得到晋升，你就得载誉全国。这意味着你要应邀到全国的大学和全国性的会议中演讲。你的听众中可能会有推荐你晋升的人；在你的资助申请受审查时，他们可能正是美国国立健康研究院（NIH）的科学评审组成员；或者他们是你潜在的合作伙伴。他们还可能是考虑到你的实验室作博士后的研究生。那么，在起步阶段，你如何得到这些邀请呢？是这样，你不能害羞。你在全国各地有同为年轻教员的朋友，你系里的同事可能会对他们进行的工作感兴趣。给他们打电话做个交易：“如果你邀请我，我就邀请你。”
>
> ——Thomas Cech，HHMI

参考资料

Curran-Everett，Douglas.“The Thrill of the Paper，the Agony of the Review：Part One.” ScienceCareers. org（September 10，1999），*http://sciencecareers. sciencemag. org/career_development/previous_issues/articles/0210/the_thrill_of_the_paper_the_agony_of_the_review_part_one.*

Curran-Everett，Douglas.“The Thrill of the Paper，the Agony of the Review：Part Two.” ScienceCareers. org（September 24，1999），*http://sciencecareers. sciencemag. org/career_development/previous_issues/articles/0210/the_thrill_of_the_paper_the_agony_of_the_review_part_two/(parent)/158.*

Davis，Martha. *Scientific Papers and Presentations*. San Diego，CA：Academic Press，1997.

Day, Robert A. *How to Write and Publish a Scientific Paper*. 5th ed. Phoenix, AZ: Oryx Press, 1998.

Dee, Phil. "Yours Transferably: Your First 'First-Author' Paper: Part One—Writing." ScienceCareers.org (February 15, 2002), *http://sciencecareers.sciencemag.org/career_development/previous_issues/articles/1400/your_first_first_author_paper_part_one_the_writing.*

Dee, Phil. "Yours Transferably: Your First 'First-Author' Paper: Part Two—The Act of Submission and Peering at the Review Process." ScienceCareers.org (March 15, 2002), *http://sciencecareers.sciencemag.org/career_development/previous_issues/articles/1470/your_first_first_author_paper_part_2_the_act_of_submission_and_peering_at_the_review_process.*

Matthews, Janice R., John M. Bowen, and Robert W. Matthews. *Successful Scientific Writing: A Step-By-Step Guide for the Biological and Medical Sciences*. 2nd ed. Cambridge, MA: Cambridge University Press, 2000.

Wells, W. "Me Write Pretty One Day: How to Write a Good Scientific Paper." *J. Cell Biol.* 165:757-758, 2004.

第 11 章 理解技术转让

生物医药科学二十年来爆炸式的发展悄然改变了学术研究者们在将研究成果商业化过程中的角色。为有前途的发现申请专利，这曾经几乎专属于企业界的事务，而今由研究院校常规提交。通过一种叫做技术转让的过程，这些专利被授权给公司发展成适销对路的产品或服务。

你所在研究机构中的技术转让指南大部分是在联邦、州法律、法规和指南的基础上制定的。本章概述了对学术科学家们来说最重要的关于技术转让的信息。这些信息可以用来作为你所在研究机构的教员手册及知识产权政策的补充信息。

本章综述了大学技术转让办公室（technology transfer office，TTO）的作用、保护大学知识产权（intellectual property，IP）的方式、将发明推入市场的过程，以及各种形式的法律协议。本章还讨论了义务及利益的冲突问题。

大学技术转让办公室

1980 年，美国国会通过了《拜-杜法案》以快速启动由联邦资助的学术实验室向公众的发明转让。今天大多数学术研究机构都设有技术转让办公室，在发明者的帮助下，评价一项发明的利用及市场化的潜力，并处理表格、文件、谈判及技术转让的后续工作。不论研究是否由联邦政府资助，大多数大学的技术转让办公室都遵从《拜-杜法案》。这就意味着如果你的发明具有潜在的商业价值，你的大学将拥有并控制其知识产权，但你会得到一定比例的专利授权收入，包括许可使用费。

在新单位上任不久，你就应该去见见技术转让办公室的工作人员。他们会告诉你他们的职责及如何帮助你。

技术转让过程

从发明开始

对科学家来说，大多数技术转让都从一项发明开始：一个新的有用的流程，一台机器，一项制造技术，一种物质的组成，或与以上这些相关的任何改进。发明本身有两个步骤：概念和具体化。具体化进一步分成两种类型：

- 推定的具体化：包括提交一个专利申请，即使一项发明实际上还未具体化或“创造出来”。申请中的信息应保证一个拥有普通技能的人无需高深的研究和试验就可能做出或使用该发明。
- 实际的具体化：要求有一个显示该发明可以按预期实现的工作模型。

从发明到专利

从发明到专利的进程可能漫长得令人沮丧而且很昂贵。典型的步骤如下：

- 讨论　发明者就其发明与大学的技术转让办公室进行非正式讨论。这些讨论可帮助发明者决定是否着手公布发明。在一些情况下，也许为发明进一步做些工作再申请公布是可取的。
- 公布　发明者使用大学的标准公布表向技术转让办公室报告发明。
- 评估　技术转让办公室对发明的专利化和商品化的潜力进行评估。
- 提交申请及商业化决定　技术转让办公室可能请发明者对发明做些进一步的工作再提交申请；可能提交申请专利，如果发明具有商业潜力，看来可获得专利的话；还可能决定将发明投放市场而不申请专利保护。如果技术转让办公室对发明的商业前景不乐观的话，它可能“放弃所有权”，这种情况下所有权将放归发明者。一些大学只是有条件地放弃所有权——例如要求发明者偿还专利费用或交付一定比例的发明收入或者两者都要求。
- 市场化　技术转让办公室将联系潜在的获授权者。
- 授权　技术转让办公室将与公司谈判并管理专利授权。

到这一过程结束，交至技术转让办公室的发明中约百分之三十获得专利。

我应该申请公布发明吗？

是否向技术转让办公室提交申请，公布你实验室里的一个发现，这件事情并非很轻易就能决定的。在做出决定之前，你可能希望和技术转让办公室的工作人员进行讨论。以下这些因素可能会促使你去提交申请：

- 该发明可能导致有用的诊断或药物，必要的专利保护可用来说服公司投资进行开发和临床试验。
- 你和你的大学、系及同事可以从专利中获得经济利益并提高声誉。
- 如果你放弃申请公布发明公开的机会，而直接向公众公开你的工作，以后可能就得不到专利保护了。

在申请公布之前，你还应认识到以下几个方面：

- 与技术转让办公室、专利律师及最终的获授权者打交道可能会花费很多时间。
- 申请专利保护可能延误发表论文；你会希望技术转让办公室保证将这一延误期限压到最短（通常30～60天是合理的。）
- 如果你不能确定一种具体的用途和潜在的获授权者，期望技术转让办公室解决这一问题是不现实的。
- 注意研究工具方面的专利：你要让你的发明能被广泛利用，而不是只供少部分人使用。

法律术语与协议

本段讨论概述了与技术转让有关的一些常用术语和法律协议。要得到更多信息及针对具体项目的帮助，请咨询你机构中的技术转让办公室。

专利

美国专利与商标局（The US Patent and Trademark Office，USPTO）授予三类专利：
- 实用专利（20年）可授予发明或发现了任何新的有用的过程、机器、制品、物质组成，或对上述这些方面作出任何新的有用的改进的人。
- 设计专利（14年）可授予任何为一项制品发明了一个新颖、独创和装饰设计的人。
- 植物专利（17年）可授予任何发明或发现并无性繁殖出任何独特的新种植物的人。

学术研究者开发的大部分专利属于实用专利这一类。

要让自己知道什么会造成发明的公开披露。和一个研究生谈论还不至于，在教员讲座中谈论就有些危险了，而在一个公众论坛上进行陈述就可能令你丧失专利权。

——Martha Connolly，马里兰技术企业研究所

专利的作用是什么？ 专利给予专利所有者或独家获授权者自专利授予之日起一段期限内阻止他人制造、使用或出售专利发明的权利。在专利授予国内专利起到保护作用。在公开发明一年内都可以申请美国国内专利保护，而如果提交专利申请之前已公开发明就不能获得美国之外的专利权了。

问：公开披露的规定同样适用于外国专利权吗？

答：不。如果你申请专利之前就已公开披露你的发明，你就失去了外国专利权。如果你在首次公开披露前就申请了一个美国专利，自申请之日起你有一年的时间申请外国专利。申请一个专利合作协议可以在上述一年期限后十八个月内保留在一些选定国家中申请专利的权利。

研究者必须清楚地懂得什么构成发明的公开披露。在你申请专利前，如果你所说或所写的内容使别人能够实践你的发明，那么可能为你申请国外专利保护你的发明设置了障碍。在任何可能被认为是公开的论坛上讨论你的发现之前，你可就拟进行的公开事宜咨询你的技术转让办公室。

什么可以及什么不可以获得专利？　要能获得专利，一个发明必须有用、新颖，且对该行当内一般技能的人不是"显而易见"的。如果你认为有一个发现符合以上标准，最好的办法就是直接到技术转让办公室让专家来负责接下来的事情。

你可能要在 http://www.uspto.gov 网页上做一个"取得专利可能性"的关键词搜索，查寻已提交的专利申请中类似的发明。你可以无需专业人士帮助自行查寻。

有些无专利的知识产权已经被技术转让办公室授权给公司用于商业。这类知识产权包括以下形式：

- 有形资产　此类可在获得补偿的条件下被授权，但没有专利保护；不能阻止他方独立发展相同的材料。这类例子有克隆 DNA、病毒载体、细胞株、种子、组织和生物。
- 专门技能　在某些情况下这一类能被授权，通常不排除与一项专利一同被授权。例如技术、实验系统和特殊知识。
- 有版权的作品　虽然学术作品的版权一般归作者，其他书面作品的版权也许归属于大学，例如公式、算法、软件，包括源代码。

与企业相反，大学几乎从不保守商业秘密，因为这与教育机构传播知识的文化相违背。

在大学里谁拥有发明？

美国大学要求教职员工将发明所有权归属于该大学作为受聘的一个条件。大学知识产权政策的一个常见的关键短语是下面一句话中加着重号的部分，即在发明的概念产生或具体化中或在开发材料中使用大学的资金或设施，这使研究生及客座研究者的知识产权也归属于该单位。换句话说，大学拥有大学所属人员的发明，同时还可对其他使用了大学资金或资源的人员的发明享有权利。

专利申请 当技术转让办公室认为你的发明符合获得专利的要求并具有商业潜力时，就可开始准备申请专利了。像大多数法律文件一样，专利申请最好由专业人士，如专利律师或代理来准备。大学里通常雇用专利法律公司进行专利申请。

> **问**：获得专利需要多少费用？
>
> **答**：费用随多种因素而改变，例如专利律师所花费的时间及每小时收费标准，专利对象是什么，申请权利的项数，被美国专利商标局拒绝的次数(和原因)，以及是否申请国外专利。准备费用从5000到20 000美元以上不等，申请费及可能的实施费用在3000至5000美元以上（有时会高得多）。大学支付这些费用，但是在几乎所有的案例中，由发明带来的首笔收入都被指定用于抵偿这些支出。在此之后，发明者们分享收入的公式才能开始生效。

在准备申请专利时，专利律师可能需要发明者（们）及技术转让办公室的共同参与。在申请过程中，你可能会与专利律师多次交流。你也可能被请去审阅文件的草稿。专利申请的主要文件包括摘要、背景/介绍、细则（怎样实施）和权利。

在准备专利申请中，专利律师需要决定哪些人应被认定为发明者。准确做出这一决定很重要，因为如果发明者认定不正确（要么因为认定了一个未对发明做出贡献的人，要么因为一个对发明做出贡献的人未被认定）可能造成专利无效。专利发明人可以不是描述发明的论文作者。例如，一个博士后在发明阶段之后加入了项目并提供了支持性的数据，可以成为论文的作者之一，但不能被认定为发明者。通常，按照政策规定，只有被认定的发明者才能分享发明的许可使用费。

专利申请被如何处理？ 自从专利申请上报以后，美国专利商标局通常需要12至18个月时间完成审查工作并发布“审查决定书”(Office Action)。

第一个决定书通常是一个拒绝书。申请者然后被要求精简专利权项，并论证该发明与美国专利商标局先前已确认的技术相比有何创新性和非显而易见性。后来的审查决定书时常是批准专利，但这一过程平均花费3年时间。

还有一个选择是临时专利申请，这是一种简化的专利申请形式，免去了标准形式的专利申请中的一些耗时的程序。美国专利商标局不审查此类专利申请，申请也不能直接获批专利，且自申请之日起一年内就自动作废。在这一年中，大学可以提起常规的专利申请。那么这样做的意义何在？这一选择至少有三点好处：

- 临时专利申请可以用更少的钱保护你的发明（占用律师时间较少，对于一个小的实体或大学只需100美元的申请费）。
- 如果在公开披露前申请临时专利可以保留申请外国专利保护的权力。
- 一年的临时专利申请时间不计入20年（或其他）专利有效期。

很多大学提交的申请都是临时性的，即便是非常全面的申请。原因是：这一选择赢得了宝贵的时间。所申请的技术常常在发展的初始阶段。一年后，技术转让办公室可以提起一个常规专利申请，不仅包括了在临时专利申请中描述的发明，还涵盖了这期间产生的附加结果，从而可能使更大范围的专利权项得以批准。

> **技术转让与教员聘用**
>
> 技术转让办公室的员工参与大学的人事招聘，这种情况日益增多。很多教员候选人在比较不同职位招聘给出的条件待遇时，常会考虑大学的商业化记录和收入分享政策。
>
> **商业化记录**　成功的授权和商业化以及技术转让办公室在精心打造有利条款方面的跟踪记录都是很强的卖点。
>
> **收入分享**　虽然分配知识产权相关的许可使用费和权益收入的公式不一，但是通常的分配方案是百分之四十的税前收入归于发明人（如果有多个发明人，还要进一步分割），百分之四十分给支持发明者教育、研究的系，百分之二十分给管理发明、支持技术转让的大学。然而，一些大学将高达百分之五十的授权净收入分给发明人，而有的只给发明者们百分之二十。

尽管临时专利申请有其局限性，但临时申请也不该马虎以致技术转让办公室计划在下一年对其进行修改。申请应由一名专利律师或代理准备，并且坚持与你的工作相一致的标准——正是工作使你到达这一步。另外，要知道在有些情况下，提交临时专利申请时技术转让办公室人员可能未对有竞争性的或相似的专利进行全面的搜索。你应该弄清是否已经实施这样的搜索，并保证让一个专利律师来审查结果。

授权协议

在技术转让术语中，授权书就是一个法律合同，允许一个公司制造、使用和（或）出售大学的一项发明。通过一个授权协议，某人同意有偿使用他人（在这里指大学）所拥有的知识产权。每项授权都严格界定了具体的使用期限和条件，而大学保留对知识产权的所有权。换句话说，授权书允许人们（或实体）制造、使用或出售某些他们并不拥有的东西而不被起诉。如果在发明的实践中需用发明者们开发出的特殊专门技能，那么这种技能也时常被纳入授权协议。

授权可以是独家性的也可以是非独家性的。独家授权将使用发明的权力只授予一个获授权者。独家授权通常允许获授权者将发明有偿转授给他人。这些从属授权产生“过手许可使用费”，给大学带来额外的收入。授权也可被独家授予给一个获授权者以作特定应用，或在特定“使用领域”应用，这样保留了大学授权其他使用领域的权利。

一个非独家授权可以授予多家公司。由技术转让办公室和发明者决定将一项发明进行独家还是非独家授权。专门技能常常被非独家地授权以保留发明者与其他科学家非正式地分享该技能的权利。

问：对于我的发明授权给谁我有发言权吗？

答：虽然你的大学对选择授权对象及条件享有最终权利，你也能对你发明的去向有所掌控。在授权过程中，一个全职教员的倾向会比一个博士后的更有分量。在一些案例中，一个公司将会自动获得授权，因为它提供了研究经费或材料。如果它行使该权利，大学将不能向其他任何公司授权，不管大学或发明者有何倾向。

你的技术转让办公室也许会为你的单位处理授权事宜，但是要记住一点：很多公司时常希望所有未来对发明的改进都一并授权给他们。然而大学通常不对还未作出的发明或改进（除非很狭义地定义）授权。这一政策是为保护你，即发明人，以免对你将来的研究成果造成阻碍。你要意识到在大学与可能被授权的公司之间的利益矛盾。

协议谈判

技术转让办公室有责任保护大学及发明者的利益。如果发明者坚持一些不合理的条款，一些技术转让办公室可能会不得不呈递它们，从而有损谈判进程以及相关者之间的关系。因此，尽量不要以这种方式介入谈判过程。然而，在谈判过程中，你有必要明白一个独家授权可能会带来怎样的限制，妨碍你与他人分享数据或材料。

期权协议

期权协议是一种谈判争取授权的权利——这个文件中写明“我想要、我希望我能，但我还没准备好”。它没有一个授权那么复杂，相对较易谈判，可能包括或不包括意向中的授权涉及的财务条款。

由于期限（通常 6 到 12 个月）上的限制，期权协议是应对刚起步的公司及其天生的不确定性的有用机制。它使有望获得授权者有机会获取资金和吸引其他资源用于商业开发，它还使各方有时间评估所涉及的技术和各自带到谈判桌上的内容并建立相互信任。

材料转让协议

在你论文发表或做了一个工作报告后，其他研究者经常会由此请求从你的实验室获得材料——通常是一个细胞株、动物模型、研究试剂及质粒或噬菌体，或纯化的蛋白等遗传构建。一些机构要求在材料寄出之前签署并返回材料转让协议（material transfer agreement，MTA）。有些将 MTA 表格和材料一同寄出，并认为材料的寄达就意味着同意协议，而不管是否有签过字的 MTA 返回来。还有的可能不在意对发出去的材料做记录（至少当接收方是另一个非盈利机构时）。

几乎所有引进材料的 MTA 中都要求有大学法定代表的签字。即便材料提供者不要机构的签字，大学政策可能依旧要求机构审查协议条款。要知道谁来审批你实验室引入材料的 MTA 条款并为其签字，请查询你机构的技术转让办公室。

根据涉及的实体，MTA 会有明确的使用和警告事项说明。以下列出了三种 MTA 的情形：在学术实验室之间转让，从学术单位至企业，以及从企业至学术单位。

学术实验室之间转让材料的 MTA　这类 MTA 通常包含比较温和的条款。除非材料已经被独家授权至一家公司，且该公司通过成功的谈判，限制材料的传播。要尽力避免发生这种情况，因为它会将你作为一名作者与他人分享试剂的责任和你对于获授权者的合同责任相对立起来。向学术实验室转让材料的 MTA 通常且很合理地要求接收材料者履行以下责任：

- 仅将材料用于非商业的研究目的。
- 在发表论著中声明提供材料的科学家。
- 在未得到提供者允许的条件下不向第三方提供材料。
- 对由接收者使用材料所造成的损失负责。
- 不对人体使用该材料。

从学术机构向企业转让材料的 MTA　这类 MTA 通常不允许将材料用于商业（例如出售或制造一个商品）或人体，但允许用于限定的内部研究。这些 MTA 也会要求接收者履行以下责任：

- 除了在论著中适当地声明之外，在发表之前要提供论文手稿。
- 由接收者使用材料造成的损失免除提供者的责任。
- 不向第三方提供材料。
- 支付费用。

从企业向学术机构转让材料的 MTA　这类 MTA 往往是最严格且最难于谈判的。它们可包括以下条款：

- *所有权*　要当心 MTA 是否明确规定材料接收者获得的所有衍生物或进行的修正都将归属于该公司，或是否要求将发明归属于该公司或将所有发明自动地、非独家地授权给该公司。对于本单位员工发展的新材料或发明，很多机构都尽量不承认广泛“延展”的权利。
- *发表论文*　要当心 MTA 是否保留该公司批准或否决发表论文的权力。更为合理的是，公司会要求在投稿之前 60 天或更长时间内审阅稿件，及在投稿之后延迟 60 天或更长时间发表。大多公司至少要求 30 天的投稿前审阅以保护机密和投资并考虑申请专利保护。

- 汇报 MTA 可能会要求材料接收者执行广泛的汇报和数据共享。

大学的技术转让办公室会仔细检查引进材料的 MTA 中诸如上述限制的条款并且权衡成本与利益。如果谈判不能改变无法接受的 MTA 条款，大学会拒绝处理。在这些情况下，大学会要求引进材料的科学家不能从提供者那里获取该材料。

资助与咨询

学术研究者的工作可经发表、演讲和人员接触引起企业的兴趣。如果研究思路很好地符合公司的战略利益，公司可能会以某种方式购买期权以将该实验室的研究结果商业化，或资助研究者的部分研究。或者，公司会邀请研究者担任指导或顾问。以下描述了这些做法的典型机制。

资助研究协议

当公司资助一个大学实验室的研究时，经技术转让办公室或大学的基金与合同办公室与企业谈判后，相关条款会被阐明并形成另一种形式的法律协议——资助研究协议。大多数资助研究协议会考虑到以下准则：

- 项目控制 工作应完全在大学的控制之下而不以任何形式由资助者主导。
- 技术代表 研究机构及资助公司应分别确定一位代表，以建立研究者与研究者一对一的联系。代表通常是双方领导该项研究的科学家。
- 汇报 应该限制汇报要求，尽量多允许口头汇报，以免汇报成为费时的负担。资助者们通常会要求每季或每半年汇报或开会以定期跟踪研究进展。
- 发表权 大学应确保实验室拥有发表或演示其所有发现的权利。资助者可拥有事先审阅权，但无权否决所计划的论著发表，也无权控制论文的编辑工作。
- 发明权 大学拥有从被资助的研究中产生的发明，但将私下告知赞助方发明的情况。
- 获授权的权利 对于研究中产生的发明，资助方通常在一定期限内有权进行谈判以获取其独家或非独家授权。

> **问**：我怎样为我的研究找到合适的资助者？
> **答**：要寻求科学上、战略上相吻合，事业目标相一致，且管理上予以支持的同盟者。留心你的直觉：如果你感觉不对劲，那就可能不对劲。

- 讨论与合作 大学研究者应有权与其他学术研究者讨论被资助项目的

工作并与其展开合作（只要这些研究者不受其他的公司资助）。

顾问协议

教员通常被允许花有限的时间在单位外担任顾问工作。如果你有本概述大学顾问方面政策的手册，务必阅读并理解这些政策。

审阅协议　如果你单位要审阅涉及员工的顾问协议，相关办公室会检查你提出的协议是否有利益上的冲突及其他问题。因为咨询工作可能会使你承担个人义务，如果单位不审阅这些协议，可考虑自己花钱雇个有资格的人（如合同法律专家）来审阅。技术转让办公室可就此向你推荐人选。

最佳做法　针对具体的情形，顾问协议形式各异，相差悬殊，但它们都应遵循下列概述的一些普遍的最佳做法。

公司只能要求顾问的职责为交流思想，而不能令其代表公司去领导或进行研究。除非持有书面许可，否则他们不能在宣传材料中使用顾问或大学的名义。

顾问应在一个有限的合理的时段内（例如在一定年限内每年最多若干天数）履行顾问职责。应该有一项规定，允许顾问通过合理通知终止顾问职责；为了公平，公司也拥有相同权力。顾问不应透露在正常情况下不会向学术界披露的那类实验室研究信息。此外，他们会将顾问活动中产生的发明的权利归于公司，只要上述发明权利不是他们作为大学雇员从事自己的研究所产生的。

保护研究生的权利

通常，企业资助研究的协议会将所资助研究产生的知识产权方面的利益（通常是许可权）赋予企业方，并包含保密义务条款，限制研究结果扩散。

当学生参与研究时，此类规定会引发一些问题。例如，一个研究生为了毕业必须就他（她）的论文工作进行交流。重要的是，目前的或未来可能的导师应让学生完全了解目前的或潜在的企业资助者与大学或研究中心之间的合同协议可能会影响他们的研究项目。遵循大学关于学生参与企业资助的研究的政策规定也很重要。导师要清楚理解协议限定的义务及其可能对学生交流其工作有何影响，并告知学生什么限制会对他们造成影响。在企业资助的研究进程中，工作于该项目的研究生必须能够自由地在诸如研究组会议、研究生讲座、论文指导委员会会议等形式的大学论坛上展示和讨论其研究。这可能直接与协议中的保密义务相矛盾。在一些情况下，可能需要（如由论文指导委员会）安排签署保密协议；有些情况下，这既行不通，也与大学政策不一致。至于最终发表论文，很多大学的相关指南规定，与论文有关的研究最多延迟90天发表以便资助者审阅手稿。这一延迟期足够提交专利申请，也让企业资助方有机会要求从手稿中删除一些专利信息。

顾问协议应声明顾问是大学的雇员，应遵守大学所有政策，包括关于IP和利益冲突（conflict of interest，COI）的政策。如果公司要求一个非竞争条款，那么顾问协议应该声明这一条款不适用于顾问与大学之间的关系。

义务与利益之间的冲突

无论诱惑源自单纯的科学探索还是经济上的回报，一份职业都很容易因义务或利益上的冲突而搁浅。

义务冲突

你的时间真的属于自己吗？既是，也不是。作为一名雇员，你的第一职业义务就是向你的雇主——大学或研究机构履行你承诺的职责。教员应该相应地根据目标优先考虑时间安排。“百分之二十原则”（如果与你大学的政策相一致的话）是一个很好的指导原则：你可以最多花百分之二十的时间从事符合你自己及所在大学利益的校外活动。

利益冲突

在进行技术转让过程中，从资助研究到发表研究结果的性质和时限，无处不潜伏着利益冲突。最常见的 COI 情况就是发表研究发现的内容或时限影响了授权收入、资金或股票值等关系到研究者或机构的经济收益。下面由 A．M．巴巴斯联合公司的弗朗西斯·梅亚表述的定义可以帮助你认识到潜在的 COI：

“利益冲突就是这样一种情形，即经济或其他个人和体制上的考虑因素可能直接或显著地影响，或看起来直接或显著地影响了一个教员或员工在履行任何大学职责或责任或在进行/汇报研究时的职业判断。”

以下提示可能帮助你避免 COI：

- 记住企业感兴趣的是利用科学增加销售和利润。利他主义和科学启蒙不是公司的激励机制。
- 与初创的公司打交道要小心。对于一个初创公司，你很可能拥有更多的公司股份。如果公司是建立在你的技术的基础上，COI 的可能性就会增加。
- 在媒体采访时讲话要小心。请校方做你研究的公开发言人可能会更好。即兴讲话可能使人们意识到实际不存在的 COI，并且这种意识会像现实一样损害一个科学家的信誉和事业。

在你研究事业的某一点上，你可能在实验室获得一个具有商业应用潜力的发现。通过更好地理解技术转让的概念、过程和潜在的陷阱，你会有更充分的准备，与你大学的技术转让办公室及企业协调工作，将你的发现推向市场。

参考资料

Association of American Medical Colleges. Reports from Task Force on Financial Conflicts of Interest in Clinical Research, *http://www.aamc.org/research/coi/start.htm.*

Association of American Universities. Information on intellectual property issues, *http://www.aau.edu/intellect/ipissues.cfm*

Association of University Technology Managers. *http://www.autm.net/index_ie.html.*

Cech, Thomas R., and Joan S. Leonard. "Conflicts of Interest—Moving Beyond Disclosure." *Science* 291(5506): 989, 2001.

Council on Governmental Relations. Information on intellectual property, *http://www.cogr.edu/files/publications_intellectual.cfm.*

Field, Thomas G. "Intellectual Property: The Practical and Legal Fundamentals." Franklin Pierce Law Center, *http://www.fplc.edu/tfield/plfip.htm.*

Howard Hughes Medical Institute. "What You Should Know About Intellectual Property, Research Collaborations, Materials Transfers, Consulting, and Confidential Disclosure Agreements," *http://www.hhmi.org/about/ogc/downloads/investigator-guide.pdf.*

Legal Information Institute, Cornell Law School. "Patent Law: An Overview." *http://www.law.cornell.edu/topics/patent.html.*

National Institutes of Health. Information on conflict of interest, *http://grants1.nih.gov/grants/policy/coi/resources.htm.*

U.S. Patent and Trademark Office, *http://www.uspto.gov.*

第 12 章　建立合作

21 世纪的科学往往是合作努力的成果。作为一个刚起步的研究人员，你可能想要或需要与其他实验室的科学家合作，他们可以提供资源或技术专长，作为对你自己的补充。科学合作是一种复杂的交流，要成为一名成功的合作者，你需要磨炼自己的管理和政治技能。本章总结了你在着手合作项目之前自己应该搞清楚的一些问题，指导并帮助你顺利地开展项目及与同事的合作。

合作的不同类型

合作者是指共享项目成果利益的研究人员，而不是提供服务者或顾客。仅仅共享试剂或材料——如同发表的文章中所记述的那样，并不能构成合作；科学家所发表的材料本来就被看作是可为他人所用的。同样，核心服务平台的科学家在其机构内提供的服务通常不被认为是合作。核心服务平台存在的目的就是为其他实验室执行特定任务。

不同的合作可以在范围、期限、正式程度上有很大不同。有限的合作可能只限于关于某项技术的一系列商议或提供要测试的样品。在另一种极端情况下，一些科学家或实验室可能共同建立一个永久性联合体或中心，在某一研究方向上共同探索。根据合作的复杂程度，一项合作可以由一个非正式协议，如握手或电子邮件促成，也可由一个具有法律约束力的文件来保障落实。

你应该合作吗？

合作是一项重大的责任，不应该随便地达成。它需要时间、精力以及对合作关系的维护。在开始合作之前，你要明确知道你能善始善终做好它。越是大的合作，你要完成的义务可能越复杂艰难。要保证在你有充分准备且时机适宜的时候开始合作。一旦你在合作协议上签字了，你就必须履行承诺，否则你的科学声誉就将受到损害。

评估合作机会

无论是其他科学家找你合作或是你考虑找人合作，在着手合作项目前，你需要问自己如下一些问题：

- 我需要这一合作来推进自己的工作吗？我是否缺乏一项我必须要有的技术或资源？
- 即使合作对我目前的工作不是非要不可的，与意向中合作者的互动会有助于我对科学做出显著贡献吗？
- 我确实有那些合作者所寻求的专长或其他资源吗？
- 在诸多因素影响下，如距离、我所在单位施加的限制，国际合作中的文化差异或复杂的法律、政治问题等，这次合作能否有效开展？
- 所设想的工作有资金支持吗？如果没有，能否获得？
- 我能投入足够的时间吗？合作将在多大程度上影响我的其他职责？该项目与我的中心利益够贴近从而值得我投入所需的时间吗？
- 此人是我想与之合作的人吗？其以往业绩如何？我信赖的人能否告诉我这位意向中的合作者是否诚实可靠？
- 我们的专业和科学利益是否和谐？双方各自因合作的所得所失是否相当？
- 这个人会乐意与我合作，且一直对该项目感兴趣吗？（如果互动困难，就没必要合作。一个小实验室的研究人员可能比一个大项目的负责人更宜进行合作。因为一个有建树的科学家可能更忙，更少需要合作。）

问：如果我对系主任或其他能影响我终身教授职位的人提出的合作项目不感兴趣，该如何有礼貌地拒绝呢？

答：向你的系主任解释你目前没有参加合作所需的资源，或者说这对你的研究生没有好处，他（她）需要做完全属于自己的课题。你可以主动表示会对该研究提供意见或建议。可能的话，可以向他们推荐具有类似专长、可能成为优秀合作者的其他人。

- 在较大的研究组里，是否有一个可靠的专人来负责日常的事务和琐事？
- 对方究竟想从我这儿得到什么？[例如，如果某人只是简单地需要你的技术专长或利用你的仪器开展实验，那么他（她）也许根本不把你当成一个合作者。合作的中心内容就是对研究成果的共同兴趣。如果你感兴趣而对方认为你不感兴趣，就不会把你当成合作者。这种情况也可被接受，只要你明白自己将要介入什么。]
- 我能排除所有来自个人或单位的潜在冲突吗？（例如，你不要想和系主任的竞争者或系主任现行的合作者合作。）

决定合作前要考虑所有的因素，成功的合作可给你的研究带来意想不到的进展，而失败的合作将耗费你的精力，令人沮丧。

建立合作

最终可能会有人找你合作，但如果你是一个刚起步的研究人员，更可能是你自己需要去找潜在的合作者。与其他任何关系一样，合作没有固定的准则，但你仍需遵从一些原则，以确保有一个良好的开端且能顺利进展（又见第175页“优秀合作者的个人品质”）。

接触潜在的合作者

一旦确定了一位可能的合作者，且决定开始着手合作，你就要列出对合作项目的建议纲要，详细说明你认为你们之间在工作上可以怎样互补。

发电子邮件 初次联系时，设计一个能激发对方合作欲望的询问。发一封电子邮件，简短概述你的研究并寻求一个交谈的机会。先不要打电话，否则会令对方为难，你要给他（她）机会通过个人接触或你的科学论文来了解你。

> 在你的第一封电子邮件里，预先说明你有合作意向，不要装作在征求专家意见。
>
> ——Tom Misteli，美国国立癌症研究所

邮件主要描绘宏观蓝图并表达你对合作的热情。你要在以下几个方面说服可能的合作者：

- 你具备所声称的专长。
- 你相信他（她）是目前这个项目的最佳合作者。
- 双方都将获益。
- 合作整体实际上优于各部分之和。

了解对方 为了有效地进行合作，你必须熟悉潜在合作者的工作。务必阅读该实验室发表的论文。你还需清楚地知道自己想做什么，你们各自将发挥什么作用。

电子邮件交流应推进到电话交流。下一步，去合作方的实验室进行面谈常常是必要的。

合作协议

使用非正式的协议 通过电子邮件交流通常足以启动一个合作项目。然而，在你们实际开始那项工作前，最好书面写出一份详细的合作研究计划纲要，且双方要达成一致。计划应明确以下事项：

- 合作目的；

- 工作范围；
- 合作各方的预期贡献；
- 合作各方的经济责任；
- 标志进程的重要目标；
- 报告义务；
- 对作者排名的预期。

一份明确的计划大有裨益。它能避免误解，有助于保证项目朝预期方向进展。此外，如果你想为项目申请资金，这一材料还可作为项目的资助申请书。在两个学术实验室之间的合作中，合作协议可简单地通过电子邮件来回发送，直至双方满意为止；在协议上签字看起来可能过于正式，但就谈判内容达成明确的合作协议是非常重要的。

使用正式协议 如果合作涉及商业实体如制药公司，或涉及预期获得专利的商业应用，那就可能需要签订一份正式的、具法律约束力的书面协议。你和合作方要咨询各自机构内有关的办公室，并要求帮助起草协议。这类办公室通常是技术转让办公室或基金与合同办公室。他们可能安排本机构的律师进行法律审查。务必说明合作期限，或提供一个可使你结束合作的机制。

留心你的学术合作者是否由一个公司资助他（她）的那部分工作，资助协议可能包含了对合作项目的限制。例如，公司可能有权延迟发表论文和将合作成果授权。如果合作对你实验室很重要，务必提前问清合作者是否要在合作项目中他（她）的工作部分使用公司资助。如果回答是肯定的，请你机构的技术转让办公室帮助你判断这一点是否对你的工作部分也造成一些限制。可以谈判达成协议限制合作方资助资金使用问题对你造成的影响。（更多有关公司资助研究的信息，见第 11 章“理解技术转让”。）

成功合作的要素

一旦你们的协议准备妥当，相互之间的期望也很明确，你和合作者要注意保持良好的沟通和为对方考虑、相互尊重的态度。

保持良好的沟通

如果你们希望能够坦诚地讨论问题，给予并接受批评意见，那么一个坦诚的、相互信任的关系就十分关键。在一个成功的合作中，合作者之间紧密联系，易于接近。要养成习惯立即回应合作者的请求。要尽可能优先考虑对合作者履行承诺。尽管己方可能遇到一些紧急事务，只要它们不对你的职业生涯和学术名誉构成明显影响，就不要因此而耽误尽合作的义务。

会议 建立制度保证定期交流。安排固定时间表进行面对面的会议或电话会议。如果双方设施条件允许，也可考虑偶尔安排视频会议。无论选择何种方式，都要通过电子邮件发送议事日程，讨论过程中做记录，用电子邮件发送会议纪要。纪要中要包括每位合作者的“行动项目”。

保持进展速度 项目一旦开始，就要按计划进行。不要成为拖后腿的“进程制约因素”。当出现无法避免的矛盾而不能按期完成任务时，要立即通知合作者，以便重新设定任务期限。

处理作者和知识产权问题

预期作者排名 通过发表论文的作者排名体现出你工作的功劳，对你的科学生涯来说至关重要。因此，你需要注意合作中的功劳将如何分配。最好在合作开始之前讨论预期作者排名，包括谁将是第一作者。这对在你实验室中接受培训的人来说特别重要，他们的事业发展有赖于取得能使他们在论文的作者排名中有明确高度优先权的成果。然而，临近发表时可再次讨论作者排名事宜；不同参与者的相对贡献经常变得与最初设想的不同。一旦意识到你的实验数据是否能发表，就要立即讨论发表计划，不要等到准备好论文草稿才讨论。

申请专利 如果寻求专利，那么在工作公之于世或发表前就要先提交申请，否则将失去专利权。时机成熟前不要公开你的结果，以免损害自己或合作方的知识产权。

如果合作取得可获专利的发现，那么你将无疑需要处理“共同知识产权”这一法律概念。通常，你需将知识产权的所有权归于你的研究机构或雇主，同样，你的合作者也要将知识产权的所有权归于其研究机构。合作任一方都将保留其“背景”知识产权，即其在开始合作项目之前所拥有的知识产权。在合作项目进程中，如果某发现完全是合作一方研究人员的成果，那么该合作方也将保留对该项知识产权的权利。共同知识产权由合作研究人员共同创造，合作双方所在机构将申请联合专利，各机构的合作研究人员都被认定为发明者。双方机构共同拥有该专利。双方机构往往需要在管理和知识产权授权方面达成协议，以便按协定的方案分配任何许可使用费。

如果你估计合作的结果之一很可能是申请联合专利，那么在合作开始前就要问自己这样一些问题：

- 所提议的项目中，哪些方面是高度互动以致任何可能的发现都将被共同拥有？
- 合作项目的哪方面工作是只属于一个实验室的财产？
- 你将何时、如何与你实验室成员讨论专利和发表论文事宜？
- 谁将负责提交联合专利申请并担负费用？
- 一旦获得专利，谁来维持？

要获知更多关于专利申请过程的信息，包括公开披露会对获得专利权的能力有怎样的影响，见第 11 章“理解技术转让”。

优秀合作者的个人品质

诚实

- 交代可能影响某人合作决定的任何事。
- 一旦合作开始，不说废话而是提出建设性的批评。

坦率

- 自始至终与合作者保持联系，尤其是在出现问题或进程被推迟时。
- 努力直接与合作者解决问题。

公平

- 务必在应肯定的地方给予肯定。

勤奋

- 全身心投入项目。
- 在人力和财力上尽本分。

尊重

- 感谢合作者的贡献。
- 永远不要认为你的贡献比合作方的更重要。

守信

- 及时兑现你的承诺。

对刚起步研究人员的特殊挑战

在你职业的早期，合作可能会特别具有挑战性。你承受着建立并运行自己的研究项目的压力。如果合作不能产生良好结果并为你带来声誉，就会阻碍你晋升终身教授，这是你不能承受的。当你决定是否开展具体的合作时，需牢记下列科学现实：

- 如果与有建树的知名科学家合作，你的终身职位评定委员会将会低估你在合作中的作用。人们会认为你仅扮演了一个小角色，即使你是文章的第一作者。同样的，与你博士后期间的导师合作也不会提高你作为一名独立研究者的名望。如果你确实要与有建树的科学家或你的前任导师合作，务必由你来安排合作，以便每位科学家的相对贡献在文章和其他交流中得到清楚体现。
- 合作者的实验室越大，合作就越复杂，就越难以商定第一和最末通讯作者的问题。从较小的合作项目中更容易赢得功劳。
- 如果你具备他人需要的特殊专业技能，那么单在你系里，就会有无数的合作需求令你应接不暇。不能允许过度分割你的时间，以致忽略自己的中心研究项目。学会有风度地说不，如果需要，向你的系主任寻求保护。

- 如果参与多方合作，你陷入利益冲突的可能性就大为增加。尤其是在起步阶段，最好保持事情简单，以便你了解所有的参与者，并能识别潜在的矛盾。

当你的学生或博士后参与合作时

你的研究生和博士后需要学习怎样合作。为了帮助他们，开始你可分给他们联合项目，并指导他们建立相互之间的期望值及监督实现承诺。然而，你应该准备好当裁判，特别是当你不得不纳入研究组中的好斗者时。

当你的学生和博士后联系实验室外的科学家或他们被视为可能的合作者时，情况就大不同了。他们可能对涉及的政治因素或者自己承担的职责范围一无所知。鼓励你这些学员们广泛寻求帮助和资源，但要坚决保证你事先审批所有外部职责的特权。

国际合作

国际合作的现实困难可能令人沮丧。具体包括地理上的距离以及文化、语言、政治上的障碍。你必须切实地判断，凭自己的精力和财力，开展长距离的合作项目是否值得。要问自己这些问题：

- 合作将需要多少次出差旅行？每次出差机票和宾馆食宿等会花费多少且会离开实验室多久？
- 去这个国家安全吗？
- 长途通讯的渠道有多畅通？（几乎遍及全球的电子邮件肯定会有所帮助，但是如果对方实验室是在地球的另一面，时差会使长途电话交流变得不方便。）
- 我是否充分理解对方文化，尤其是信息共享模式，以便交流科学事宜？
- 我懂潜在合作方的语言吗？他们是否精通口头和书面英语？会用另一种语言发表科学论文吗？如果会，我如何保证翻译？
- 这个国家关于发表论文和作者排名的习惯如何？
- 对方实验室设备是否齐全？国家是否提供基础设施（如电力、电讯）？

虽然物质和技术因素很重要，但往往还是人的因素起到了促成或破坏一个国际合作的作用。要对可能在深层起作用的情感问题保持高度敏感，尤其是当合作方实验室的资金情况不如你时。例如，合作方可能担心被利用或受蔑视。

鉴于这些特殊挑战，国际合作需要倾注更多精力和心血。一开始就必须具备两个关键因素：稳定的资金来源；对方实验室至少有一人和你一样为项目尽心，愿意帮助扫清合作道路上的障碍。

当合作不成功时

合作可能由于各种原因而失败。这里列出了一些可能的情形：

- 合作一方失去兴趣，或发展了其他优先领域，从而有意或无意地搁置此项目。虽然无意违约，但最后期限将被放宽后延。
- 疾病或家庭问题阻碍某人的工作进程。
- 关键人员离开或者不再参与。
- 科学结果未如期出现，工作就此停滞不前。
- 关于计划、资金或作者排名问题有坦率的不同意见。
- 合作一方或双方表现糟糕（例如，他们不遵守协议的某些方面，窃取功劳或向他人贬低合作者）。

当出现这些情况时，你要决定如何保护自己。最糟糕的做法是任由情况继续恶化。如果你确定合作者不能履行原来的协议，那么拿起电话，如果需要，搭上飞机，直截了当地与其讨论。如果你已经在项目中投入了大量时间和资源，就更值得去努力改善情况。然而，如果对方已经完全失去了兴趣，或者你们真的合不来，那么放弃合作可能是最好的选择。尽管你真想让你的同事们了解这次失败，但要记住，这样的报复，不但会损害合作者的名誉，也同样会损害你的名誉。

如果一次合作没有成功，重要的是不能失去信心。尽管合作需要大量的工作，有时还很有挑战性，然而，与其他科学家合作你会获益良多。你的研究或许会出现意想不到的转机，得以扩展并进入全新的、激动人心的领域。你会与系外的科学家们建立专业关系，在你申请终身职位时，他们将愿意给你写推荐信。通过邀请你去他们的研究所做讲座，你的合作者们能帮助提高你的知名度，而且，他们还可能派研究生或博士后到你的实验室工作。

参考资料

Adams, Michael J. "Mutual Benefit: Building a Successful Collaboration." ScienceCareers.org (October 6, 2000), *http://sciencecareers.sciencemag.org/career_development/previous_issues/articles/0630/mutual_benefit_building_a_successful_collaboration.*

Dee, Phil. "Yours Transferably: Going Global 2—Making Contact." ScienceCareers.org (February 16, 2000), *http://sciencecareers.sciencemag.org/career_development/previous_issues/articles/0840/yours_transferably_going_global_2_making_contact.*

DePass, Anthony. "Collaborations: Critical to Research Success at Minority Institutions." ScienceCareers.org (March 2, 2001), *http://sciencecareers.sciencemag.org/career_development/previous_issues/articles/0840/underrepresented_minorities_in_science_collaborations_critical_to_research_success_at_minority_institutions.*

第 13 章　教学与课程设计

作为刚起步的初级教员，对于执教课堂，你可能思绪复杂。注视着讲台下无数张面孔，心想：“我在这干什么？我是个科学家，不是教师呀！”对于教学，你很可能感到不自在，因为你从来没学过怎样教。在这一章，你将学习如何运用“主动学习”等多种策略，使你的教学更有成效。实践不同的教学方法，评价其效果，并在评价的基础上不断改进。通过这些努力，你可以成为一名“科学家老师”，教学、科研同样得心应手。尽管本章主要针对教授大型科研院校的本科生或医学院的学生，但所述方法略加修改，就可用于小型文科学院的本科生教学和研究生教学。

本章为改进你目前的教学方式提出了若干建议，包括如何评估你的强项和不足以及向其他同事和专业人员学习等。本章还在改进和设计课程、帮助研究生和博士后学习教学、建立教学档案、平衡科研和教学职责等方面提供了指导。

为什么要做好教学工作？

除了合同规定的义务外，还有若干重要原因要求你讲好课。获得一名好教师所应有的多种技能对你的职业发展大有裨益——增加你简历的分量，提升你的沟通能力，还会给你的实验室研究带来新的能量；通过教育下一代学生（他们将成为科学家或从事其他领域的工作），你将为造就更美好的社会做出贡献；通过向不同类型的学生传授知识、洞察力和热情，帮助他们在科学生涯中取得成功，你能获得巨大的个人满足感。下面将更深入地探讨这些原因。

教学的原因

良好的教学记录有助你获得终身职位　　如果你教学知识丰富，并能证明你的教学是卓有成效的，进行评审的人会关注到这些，或者你可以设法使他们关注。你在学术环境中能否成功将部分依赖于你的教学记录。

结识可能进你实验室的学生　　教好一门课让你有机会接触到最优秀的本科

生或研究生，他们可能愿意加入你的研究室。

提高科学素养　科学家们被日益频繁地邀请就复杂的社会问题与公众进行有效沟通，如遗传工程、干细胞研究等直接涉及科技前沿的问题。教学可以提高你的交流技能。此外，通过有成效地教育学生，即使他们不做科学家，而成为政策制定者、商业领袖和其他人物，你将帮助提高人们的科学素养。

科学需要留住最好最聪明的学生　学院和大学都在大量流失科学专业的学生。大约 60％宣称是生物学专业的学生最终以其他专业毕业。女性和少数民族学生的统计数据就更糟了。放弃学科学专业的时常是那些成绩很好的学生，只是听说科学很乏味，老师已经知道所有答案了，没什么要去发现的东西了。通过改变你的教学方式，让学生投身于发现的过程，你能帮助扭转当前这种形势。

科学需要吸纳各类参与者　汇聚不同类型的人，才能更有效地解决问题和捍卫抉择。要使科学事业蒸蒸日上，我们必须吸引和保持不同类型的学生群体，并理解、重视和满足他们各异的学习方式。

智能发展　与新学生不断互动将带给你新的技能，并提升原有技能的水平。比如，讲课能增进你的交流能力，这对你的研究是非常宝贵的。

提高职业满足感　你的科学实验并非总能按计划顺利进行，有时你会为实验室研究的进度感到焦虑。教课可以分散你的注意力并给予你成就感，这是此时你非常需要的。

成为卓有成效的教师

给医学院学生讲授基础科学课中的理论课部分，或为本科生上一年的微生物课都可能令人生畏。为承担这项新职责，你要做好充分准备。那么，通过怎样的学习你才能成为一个能力突出、卓有成效的老师呢？在进入教室前，你就应该完成以下几个步骤。

评价你的强项和不足

研究表明，最好的老师不仅有渊博的专业知识，还表现出对学生的关心，懂得如何激发兴趣，鼓励讨论，要点解释清晰，并充满激情。回想一下你做教学助理（TA）的情形或其他教学经历，也许能给你些启发，意识到哪些教学技能可以改进。

安排给你的课程类型可能与你喜欢的科研方向不吻合，但你应该花时间分析你的优势和不足，并在计划课程时加以考虑。比如，如果你性格外向，与学生分享你对科学的热情应该不难，但你可不要给他们灌输太多复杂的想法，而要给他们更多时间去提出问题和思考答案。如果你性格内向，你可能觉得讲大课太恐怖，以致你躲在讲稿后，很难与学生进行互动。假如让你选择的话，你可以从一个你熟悉且热爱的题目开始讲起，以此来建立自信。与学生们有些融洽后再去鼓励互动，这样可能对你会更容易些。给小组学生讲课可能是适合你个性的好办法。好的教学法是艺术、技巧和个性的组合。你要去发现既适合你又满足你学生们不同学习方式的授课方法。

利用专业化帮助

为帮助自己成为一个更好的教师，你要利用所在学院、大学或医学院提供的任何专业化帮助。尽管旨在促进学习的正规培训目前还很少，但其数量在迅速增加，还有很多非正式的项目。有些大学为初级教员提供了职业发展项目，这些项目让他们有机会建立和扩展在教学及其他方面的职业技能。许多大学设有教学和学习中心，可为你提供技巧、给予指导、个人咨询以及为你讲课时录像并为你提出改进教学表现的建议。针对如何成为一名卓有成效的教师，这些中心通常有大量的网上资料，如介绍课程发展、教学技能及其他有关问题。如果你的学院或大学没有这样的中心，你可以查询其他院校的网上内容。（http://www.hofstra.edu/faculty/CTSE/cte_links.cfm 提供了全面的教学和学习中心名单。）

有些专业协会也培训教员。例如，美国科学院生物学本科教育暑期学院，美国微生物学会本科生教育工作者会议，美国物理教师协会新任物理和天文学教员研讨会等是几例现有的培训项目，可供你研究。

观察与被观察

基于编辑对你所投稿件的批评，或评委对你的基金申请的评论，你学习改进科研工作；与此相似，你能从单位里资历相当的和资深的同事及其他人那里学习教学，也能从学生的反馈中学习教学。

询问资历相当者的看法　你可以考虑与另一位初级教员达成互惠协定，互相听对方的课。当对方听你课时，要求这位同事对你的教学技能进行直率地评价。他（她）可以不必那么正式，直接给你信息和建议，也可以完成一个书面评价表，列出具体的项目，如课程结构和目标、教学表现、与学生是否融洽、主题方面及指导情况。

观察资深的同事　找些以教课见长的资深同事，问能否让你去听听他们的课，从而了解他们是怎样教好课的。如果你想邀请一位教员去观察你讲课，他还可能做你的“教学辅导员”，你要选那些在系里会议上表现出热心教学且经验丰富，并以创造性教学出名的教员。有经验的同事可以建议你如何处理特殊话题，还教你额外的方法把材料讲得既清楚又生动。

请来外部观察者　可以请校内的教学顾问做你的外部观察者。虽然该顾问可能不熟悉你科学课程的内容，但他（她）通常有丰富的教学经验，可以评判你的讲课技能并提出建议。

从正规同行评议项目中寻求反馈　随着你教学经验日益丰富，你可考虑参加更正式的教学同行评议项目。这些项目旨在通过帮助教员们记录、评估及思考改进学生学习和表现的方法，让他们胜任教学这项脑力工作。（http://cte.umdnj.edu/career_development/career_peer_review.cfm 提供了一个同行评议项目列表及一些想法。）

从学生那里得到反馈　目前大多数院校都要求学生对教学绩效进行评估，你什么做得好，什么没做好，评估可以提供有价值的信息。然而，许多标准的评价表，为了方便电脑分析结果，多使用量化的问题（如，总体上，你给授课人的教学质量打多少分?），而不能提供足够确切的信息。你也许该做个有足够评论空间的非正式调查。学生们的批评可以帮助你校正授课错误。记住，学生们对你教的第一门课的评分可能会低，但随着你做老师的经验与自信与日俱增，给你的评分会迅速提高。

计划教课

本章以下部分将描述主动学习的概念、如何设计一门科学课及如何让教学助理参与教学过程。在开始编写课程大纲或考虑在课堂中需要包含多少次主动学习活动之前，你就要问自己，课程需要完成什么？以下是一种可能的答案。

本课程的目标是

- 讲授下面三个组成部分（x，y和z），要讲得深入而意义深远。
- 巩固那些计划学科学专业的学生的兴趣。
- 让那些不准备继续学科学专业的学生了解科研过程的方法和原则。
- 为系列课程中的下一课程做好充分准备。

一旦明确了课程目标，你下一个需要问的问题是：“我如何知道是否达到了这些目标?”在第 188 页“评价学生的学习”一节讨论了评估方法。但要记住，一开始计划课程，你就要考虑评估问题。这是课程设计很重要的一环，你不能等到最后才去补救。

主动学习的原则

不论你在大的研究性大学，还是在医学院或较小的文科院校教课，你都能致力于创造这样一个课堂：能够最好地反映科学进程，捕捉其严密、反复的本性和科学发现的精髓（见第 182 页“大小不同场合下的主动学习”）。主动学习策略是这一过程的核心。

> 当能把知识立即应用于实际时人们的学习效果最好。
>
> ——Jo Handelsman，威斯康星大学麦迪森校区

什么是主动学习？

主动学习运用多种解决问题的技巧，帮助学生积极参与学习过程，给他们机会去澄清、质疑、应用和巩固新知识。这一概念由教育哲学家约翰·杜威提出，他主张学习必须建立在学习者的经验基础上，他们积极地将新知识整合入现有的知识框架中。如今，主动学习的核心元素得到广泛支持，越来越多的研究表明，以主动学习技术补充或代替理论讲授，让学生参与发现与科研过程，可以提高他们理解概念、批判性思考和巩固知识的能力。

在课堂中，主动学习的主要工具有：

- 合作学习　学生分组学习，老师作为协助者。合作学习可以在课堂中增强学生的集体意识，使他们能够以非竞争的方式协同工作。
- 询问式学习　学生提出和回答问题并参与科研过程。
- 评估　教师对学生所学进行持续评估，根据学生反馈在课程进程中不断改进。

大小不同场合下的主动学习

根据你执教的机构大小及你所教课程的形式，主动学习会带来不同的机会和挑战。在文科院校里，小班授课、课堂内外与本科生保持经常联系，更便于运用一系列的主动学习技巧。在大型研究机构里，开设的课大得多，与本科生的沟通却少得多，尤其是科学入门课程，你将要加倍努力才能引入主动学习策略及实施评估。此外，许多课程为“集体执教”，让集体中的所有教员都同意在课堂上采取主动学习是个挑战。高级课程和其他小班课程是突破平铺直叙的理论讲授的绝好机会。本章会教你许多可行的技巧，将你的理论课变成学生的动态体验。尽管你不一定教和课程相关的实验课，你可以训练研究生教你的辅导课或实验课部分，让他们使用一系列询问策略，帮助学生理解科学实践。

在课堂中实施主动学习策略

大多数科学家在读本科甚至是研究生时都经历过“讲台上的圣人”式的教学方法。和大部分人相似，你会觉得讲授才是最自然的教课方法。然而，为了使教材更吸引学生，你可以在讲授中开始融入一些主动学习成分。你可以先讲 10 到 15 分钟，然后做一个活动，或先做活动，再讲 10 到 15 分钟。你可展示一个研究结果，然后让学生做一个预测；或让学生在记录卡上写出他们在课上学到的最重要的概念。或者，你可以向全班提出一个问题，让学生与邻座的同学相互咨询或辩论，然后向全班作汇报。这种策略要求学生评论同组其他人对问题的理解并互相解释概念。（在以下 http://www1.umn.edu/ohr/teachlearn/guides/

lecture1.html、http://www.ncsu.edu/felder-public/Papers/Largeclasses.htm 和 http://teaching.berkeley.edu/bgd/largelecture.html 三个网址中可以找到三篇帮助有效备课与授课的文章。）

你在课堂中融入主动学习策略时，要记住以下几点：

不要涵盖太多话题 为使主动学习策略行之有效，特别是在讲大课的情况下，将每堂课内容精简到你想讲的或要求必讲的核心概念，并将这些概念按照有意义的顺序组织起来。（第 190 页“课程设计”提供了更多课程结构和组织的信息。）

为要强调的概念提供有趣的背景 也许你觉得某一堂关于代谢途径的课令人兴奋，而你的学生可能更愿意学习一个有关吸收问题的病例，而代谢途径可能是该病例中的关键。

逐步开始，循序渐进 你可以逐步导入主动学习策略，尝试不同讲授教材的方法鼓励学生参与。例如，开始时你可以在讲课中停顿几次，向学生提问，你可以根据要讲的内容事先设置问题：

- 描述 你看到了什么？发生什么了？
- 普遍意图 其目的或作用是什么？
- 程序 这是如何完成的？必须完成什么？
- 可能性 什么还会……？我们如何……？
- 预见 下一步会发生什么？
- 论证 你怎么能说明？什么证据促使你去……？
- 基本原理 为什么？原因是什么？
- 概括 ……与……的共性是什么？你从这些事件中概括出什么？
- 定义 ……意味着什么？

鼓励学生的问题

- 不要问：“课讲到这，有什么问题吗？”更好的方法是以提问的方式来回答问题，设计提出一个问题，鼓励学生用自己的语言定义概念。例如，如果一个学生问“什么是聚合酶链反应（PCR）”，回答问题后再反过来问一个相关的问题，测验学生应用刚学到知识的能力：“谁能想出为什么科研人员要使用 PCR？”
- 用你自己研究的实例，解释科研过程是如何开展的，鼓励学生质疑概念、观点及理论。
- 在课堂上请某人回答问题这种做法本身的一个问题就是：它会变成与几个愿意答题的学生的私下谈话。你可以尝试另一种做法，让学生单独写出答案或以小组研究答案。
- 在一次课末了，请学生就你讲授的内容写出两个好的问题或测验题，下次可以参考这些问题开始讲课。你也可以提出一个问题，这个问题只要读了下次课的教材就能回答，然后在下节课一开始，请学生陈述他（她）

的答案。

- 利用网络资源，如网上讨论区，鼓励学生在课前浏览阅读教材并提出问题。

问：我如何让学生对我的提问做出反应而不是遭遇一片沉寂？

答：向学生表明，你希望他们积极参与，但也要培养耐心，在提出问题后等上10～15秒钟。即使尴尬于无人应答，也不要自己来回答问题，否则就给剩下的课定错了调。设计一个开放性问题，采用“从这些答案中选择一个”的形式。可以请学生举手或通过188页描述的“遥控互动教学系统”投票。鼓励学生多讨论，请他们解释为什么那样投票。

使用多种课堂练习

- 给学生布置一项任务——让他们结对或组成小组，计时写出结果。你也可以请学生先单独工作，然后结对，将他们各自的结果进行整合和改进(称为思考-结对-分享法)。接下来，你可以随机叫几对学生简要总结他们的联合答案。（登录明尼苏达大学教学与学习服务中心网站 http://www1.umn.edu/ohr/teachlearn/ guides/active.html 可查阅关于结对活动的指南和建议。）
- 使用基于案例的问题，发展批判性思维和分析习惯。找来有意义且与学生相关的案例——如人类病理学、生物恐怖、癌症、转基因食品、疯牛病或其他当前的问题。使用案例不仅帮助传授概念，而且启发学生们思考科学与社会的关系及对社会的影响。（登录美国国家案例分析中心科学专业教学网站 http://ublib.buffalo.edu/libraries/projects/cases/case.html 可以查阅到案例使用观点及案例分析汇编。）
- 请学生通过绘制图画、图形或图表来帮助解释一个想法、关系或过程。让他们与同学分享绘制的图表并展开讨论。

使用真实案例

- 使用与学生正研究的题目相关的当期报纸和杂志文章。例如，如果你正在教DNA测序，就拿来关于人类基因组测序的文献或让学生上网搜索相关的文献并带到课堂上来。
- 让学生参与评价一项实际的或计划中的社区项目的生物学意义，例如，一项控制传染病或管理鹿群数量的计划。让学生分组研究项目的不同方面，收集实地数据，并凭借现实依据在课堂上提出建议。

用科技提升教学

- 通过播放早先突破性试验的电影或新闻片断，提供一些生物学中重要发现的历史背景。
- 融入新的多媒体技术如动画或虚拟实验室。对于电脑游戏培养起来的一代学生来说，这种方式使得生物学更加生动可及。幻灯片、照片和电影片断都会引起学生们的注意。尽管是熟悉的材料，却可能引发令人惊奇的新问题。

- 利用互动的演示和模拟来阐释概念。或者展示地图、照片或示意图，请学生自行观察并作解释。
- 将网上讨论/公告栏作为谈论想法的论坛。积极参与讨论而不去控制讨论。
- 让学生们使用遥控互动教学系统（clickers）积极参与回答你的问题（更多关于遥控互动教学系统的信息，见188页）。
- 如果你要在课堂上使用PowerPoint幻灯片，学会将你的演示做得富有视觉动感且吸引学生。（查阅关于利用PowerPoint工具实施主动学习的网上指南，可登录http://www1.umn.edu/ohr/teachlearn/workshops/powerp。）

搭建主动学习的舞台

- 使教室桌椅的摆放有助于学生主动参与。如果椅子是固定在地上不动的，可以使用带延长接线的麦克风，以便你讲解及倾听时都能在教室中来回走动。如果椅子是可移动的，将它们摆成圆圈，把讲台挪到教室的一角。
- 从第一天就建立起主动参与的机制。让学生懂得主动学习的价值，提出问题，引发真正的讨论，第一节课就让学生有几次讲话交流机会。
- 尽量多记住学生的名字。在第一堂课上，让学生们自己选择这学期的座位，然后制作一个座位图，让你可以在学生进行课上练习时对照观察。

从被动到主动

你可以轻而易举地将讲课中的被动讲述变为鼓励学生讨论的提问，下面举两个例子：

- **被动方式** 一个生物体的每个细胞都有相同的DNA，但不同的基因在不同时间和不同条件下表达出来。这叫做基因表达。
- **主动学习方式** 如果一株植物中的每一个细胞都有相同的DNA，为什么植物的不同部分有不同外观？与邻座的同学讨论提出一个假设。

或者

- **被动方式** 在这张幻灯片中所显示数据的基础上，研究者们得出如下结论。
- **主动方式** 让我们看一看我刚叙述的试验数据。从数据中你们可以得出以下哪个结论？我们来投票，然后进行讨论。

来源：Jo Handelsman，威斯康星大学麦迪森校区。

实验室中的主动学习

大学实验室是学生们实际进行实验设计、收集分析数据、提出发现等科学实践的绝佳所在。太多实验室还依赖于“菜谱”实验——曾被做过数千遍，结果人尽皆知的实验。学生们从“菜谱”实验中学到了什么？他们主要学会了遵从操作规程，以便顺利完成实验，获得良好成绩。如果你希望学生体会到科学研究的激动人心之处，你可以考虑采取另一种方式，设计或改编现有的探索式实验。经过合理设计，开展寻求发现的学习活动，实验室能让学生们获得丰富的学习经验，帮助他们发展多种专业和技术能力。多数探索式实验都以一个问题开头，问题可以由教师提出，由学生提出则更好。针对某一特定事项或话题进行探讨。学生们研究题目，提出假设，设计实验来验证假设，分析收集到的数据，并推断他们的假设是否得到印证。然后学生们向全班陈述并解释他们的发现。

一旦学生开始理解并应用科学方法，他们就会体会到发现的乐趣。在探索式实验中，学生们还提高了沟通和批判性思维能力，并学习如何协作，作为团队一同解决问题。

然而一个构思良好的探索式实验需要花费时间和资源去设计开发，因此最好以小型实验开始。下面是一例可行的“非菜谱实验”的方法，你可以在 http://scientificteaching.wisc.edu/products/Uncook _ handout.pdf 查寻到其他关于开发探索式实验的观点、工具和参考资料。

在标准实验室练习中，学生可能按要求将土壤样品稀释 10 倍并将每一溶液加到培养基中。经过培养后，学生为每一平板读取菌落数并计算样品中的细菌个数。

与此相似的探索式的实验室练习会请学生拿来两个土壤样品。然后教师向学生们提出挑战：就土壤中的微生物数量提出一个假设，并设计一个试验来验证该假设。

医学院中的主动学习

主动学习的策略同样适用于医学院的教学，但作为教员，你要清楚地意识到，你的学生将面临颇具挑战性的考试，他们需严密准备才能应对。前两年学习的大部分时间里，医科学生基础科学课的工作量都很重。一般本科生参加的学期制课程的考试由具体执教的教师出卷（偶尔由他们系里准备），但与此不同的是，医科学生在第二学年末要参加一个国家级考试——美国医师执照考试（USMLE，分三级）的第一级考试，考核学生基础科学知识及解释数据的能力。（这是一次或两次期中考试及一次期末考试以外的考试。）在医学院学习四年后，他们将参加 USMLE 的二级考试，考核他们的临床护理知识和解释临床数据的能力。

在融入主动学习方法时，你应谨慎考虑医科学生基础教育两个方面的需求，即掌握核心科学概念和获得将来做医生时所需的技能。有一种好的教学方法，将解释核心概念所需的理论讲授与针对医学病例或疾病的小组讨论相结合起来，这种方法被称为基于案例的学习方法。

> 我们大多数教员都使用理论讲授的方法，因为这是我们熟知的。如果要体现教学的价值而不仅仅是必要性，那我们就应该投入时间去设计使用主动学习策略。这些策略并非要取代理论讲授，可以在一堂理论课后，安排学生就案例进行小组讨论时使用它们。
>
> ——Curtis Altmann，佛罗里达州立大学医学院

基于案例的学习

基于案例的学习 通过探索在医疗实践中可能遇到的问题，学生们可以学到很实用的科学知识。学生们分成小组一起探讨，教师作为协助者。学生分配不同的角色，如做讨论的带头人、诵读者、抄写员或计时者。对于每个案例，学生们将事先阅读和思考，他们会看到一系列要达到的目标，一段对医学事件、疾病或生物医学的一次进展的记叙性描述，一系列要解决的问题及描述中提出的一些困惑。设计练习时要融入过去学过的课程内容，以此希望学生们参考以前学过的内容来回答问题。此外，鼓励学生提出假设，上网查资料，提供新信息，小组达成一致结论，并对每次练习进行评价。一般每组在每次两小时的学习时段里完成两个练习。

你作为协助者的作用 在基于案例的学习过程中，你的作用看来就是一个教员协助者。你的目标应该是帮助你的组顺利运转，以便取得最佳学习效果。你不要充当指导者或讲师的角色，而实际上把自己视为一名恰巧在科学探索和协助他人学习方面都特别有经验的同学。然而，你应当纠正在学生讨论中可能出现的任何错误信息。下面提供了一些如何顺利协助学生的窍门（来源：佛罗里达州立大学医学院医学生物化学和遗传学小组案例学习指南，BMS6204课程）。

- 通过请学生们一起开动脑筋，集思广益，列出所讨论疾病的一系列可能病因，鼓励这个组认识并阐述问题。
- 给组员们机会展示他们所学的知识——请他们描述从网上或其他研究中学到的新信息。
- 让爱发言的学生暂缓回答，同时鼓励文静的学生积极参与，保证所有组员都有机会贡献才思。如果这一策略行不通，把大问题分成小段问题分给大家，号召每一个学生参与。不要去控制讨论。
- 通过问探究性问题和建议其他探索路线，鼓励这个组批判性地评价各个想法。

- 通过帮助这个组分析讨论中什么进行得好，什么地方有问题，及时提供建设性反馈。
- 通过向所有学生表示尊重和支持，同时明确小组讨论的规则，身体力行令人敬佩的职业行为。

评价学生的学习

作为教师，进行评估是工作中的重要部分，你将利用评估信息评价学生的学习情况，并确定哪些教学策略效果最好，而哪些还需改进。你可以利用期末多项选择题考试，将其作为评估的一部分，你还可以采用小规模的、更频繁的、非正式的知识评估。所谓的“积极”评估能让你不断检测学生理解的水平，这样在教学当中你才能根据需要进行调整。（在附录1中可见一系列简单易行的积极评估的办法。）通过使用创新技术如遥控互动教学系统向学生提问，看看他们知道了多少或有多少不知道，你可以得到学生的即时反馈。

遥控互动教学系统

被称为个人、听众或课堂反应或表现系统的“遥控互动教学系统”，使教师们可以在理论教学中融入主动学习策略，并及时评估学生是否理解正在讲授的材料。遥控互动教学系统技术还可以用来生成多项选择题或其他类型问题、记录出勤及为测验和考试评分。

与电视遥控器相似，遥控互动教学系统是无绳的掌机，有各种反应按钮。学生们可用它回答教师提出的问题。他们的答案通过红外信号传到接收器，在那里数据被立即记录下来并由计算机分析，结果以图像形式展现。教师可以在屏幕上展示学生的反应，或把它们发布在网上，或存下来供以后参考。学生可以匿名作答或通过每个发送器的系列号辨认出来。

若干制造商，包括马里兰州的GTCO CalComp和得克萨斯州的eInstruction Corporation都提供这项技术，价格不一，视机构与制造商之间的安排而定。如果所用的教材中要求使用遥控互动教学系统，价格则由教材出版商与遥控互动教学系统制造商安排协定。如果你对使用这一技术感兴趣，可以联系校园里的教学与学习中心或讲授技术部门。（登录http://www.news.wisc.edu/11142.html可查阅到一篇关于在大学课堂中使用遥控互动教学系统的文章。）

然而要记住，很难明确区分出某一创新学习技术所带来的具体影响。在课堂情景中，你通常无法实施一个纯实验性设计，将学生随机分成不同组，而只有一个变量（创新学习技术）在变化。然而，通过变换不同的学习技术，如预备测验和对照组，你可能更容易了解哪项主动学习策略正在改善学生的学习。（如要更深入地探讨在发展及合理使用评估工具中所涉及的这些问题、挑战和步骤，可以阅读 http://www.aaas.org/publications/books_reports/CCLI 网页中的关于评估和教育研究的文章。）

出考试题

无论你喜欢哪类型评估工具，期中和期末考试都是免不了的。布卢姆分类（在附录2中有更全面的叙述）可成为指导你如何准备试题的有益指南。它描述了六个递进的学习水平或类别，即知识、理解、应用、分析、综合和评价。各类别从实际知识到评价，难度依次增加。很多教员使用的测验过多依赖学生对信息的记忆，而布卢姆法主张，评估学生更高层次的学习也非常重要。

使用很多不同类型的问题评价学生学习的不同内容和技能水平，这样你才能确保学生不仅在学习实际信息，还在加深、拓宽及整合他们的知识。这里列出了一些标准测验题，它们各有优缺点，分别对应于布卢姆分类法中的一个或几个类别。它们源自威斯康星大学教学院关于考试问题和学生能力的精简课程(http://wiscinfo.doit.wisc.edu/teaching-academy/Assistance/course/questions.htm)。

是非题 这类题给出一个陈述句，请学生判定陈述是正确还是错误。这是最易于做答与打分的一种测验方式，但是适用于此类评估的学生掌握的知识类型有限，且学生很有可能猜测正确答案。这类题相应测试的是布卢姆分类中的知识和理解水平。

简答题 这类题提供"设定的答案"或提出开放性的问题，让学生们作简要回答（一句或几句话)，填空，或完成句子。虽然出题相对简单，但评分比较难，这是因为学生会任选方式自由回答。这类题相应测试的是布卢姆分类中的知识、理解和应用水平。

多项选择题 这类题提出问题让学生们从一列答案中选择正确答案。问题可以是陈述，或复杂的案例，或要求学生仔细考虑的情况。问题回答起来会更具挑战性（如果它们只有一个正确答案但同时有几个易混淆的错误答案)，但是容易打分。这类题相应测试的是布卢姆分类中的知识、理解、应用和分析水平。（见"多项选择题"中一个基于案例的多项选择题样例。）

论述题 这类题让学生专注于广泛的问题、普遍的概念及相互关系，而不仅仅是具体的事实或细节。其优点就是让你了解到每个学生思考的质量和深度。然而，评分困难且很耗时间，因为答案各异、长短不一，而且如果学生有很强的写作技巧，你会倾向于给他们较好的成绩。论述题能有效评估布卢姆分类中的所有六个水平。

如果你觉得使用布卢姆分类太不方便，你可以选择一种简化的方法，将这种分类重组成三个大类：

- 知识（回忆或识别特定信息）；
- 理解和应用；

- 解决问题或将现有知识和技能应用于新的条件状况。

多项选择题

真实数据的短小研究案例可用来出非常好的多项选择题，不仅可以考查核心概念，还能评估科学素养和熟练程度。这有个例子：

性传染病淋病的治疗变得日益困难，因为病原菌淋病奈瑟氏菌逐渐对抗生素产生耐药性。例如，在夏威夷，1997 至 1999 年间，对氟喹诺酮类药物的耐药性从 1.4 %增加到 9.5%。科学家将此归因于自然选择。在此背景下的自然选择是什么意思?

A. 淋病奈瑟氏菌已经学会回避特定的抗生素。

B. 抗生素已经改变了淋病奈瑟氏菌的遗传结构使它们变得可以抵抗抗生素。

C. 淋病奈瑟氏菌改变了它们的遗传密码以免被抗生素杀死。

D. 抗生素环境下，拥有耐抗生素基因的淋病奈瑟氏菌繁殖壮大，而对抗生素敏感的细菌则死亡。

E. 这段时间内对抗生素的耐药性的突变率提高。

[答案：D]

来源：http://www.saltspring.com/capewest/mc.htm。

其他类型的考试　你也可以考虑使用其他类型的考试，如分组考试，可以当堂考试，也可以拿回家进行开卷考试，并使用开放式题目，这种题目无所谓正确或错误答案。然而，因为你要给每个上课的学生一个成绩，你要让每个学生不仅参加小组讨论，还要针对问题写出答案。无论你用何种类型或何种组合的考试，都要记住，出考题需要花时间，不要试图把事情都堆到最后。在开课前，一定要询问你的单位，你出的考题是否必须符合任何规定的模式。例如，医学院的考试可能需要符合医学教育联络委员会确立的标准，该委员会负责认定美国的医学院。仔细考虑你想要评估的学习效果，以便配合这些内容出题。

如果研究生做你的教学助理，让他们参与出考题或审阅考题初稿，确保考题清楚明确并能在试卷允许的时间内作完。(要查寻综合介绍小测验、测验及考试的专著章节，可登录 http://teaching.berkeley.edu/bgd/quizzes.html。)

课程设计

你可能要按要求从头设计一门新课，或者你自己想改编一门现有的课，以便顺应你的教学方式和知识。因为课程设计是件复杂又耗时的工程，所以在着手之前要仔细考虑各方面的事项和问题。

> 我强烈建议你，在承担分配的课程时，尽量预先协商争取可以连续三四年教这门课。那样你花在准备教学材料上的时间和精力才最值得，并且才能有机会每年改进教材。
>
> ——Thomas Cech，HHMI

改进现有的课程

作为一名新教员，你很可能被要求去教一门过去由另一名教员教过的课程。你可能会发现那门课非常适合你，你几乎无需改动它。然而更多情况下，你将需要做部分改动。为帮助你实现你的目标，这里提供了一些小诀窍：

做你该做的工作

- 明确系里对这门课的期望值。如果这门课你只要教一年，然后必须交还休假回来的同事，那你就尽量少投入时间和精力。如果你能连续几年承担教这门课的义务，对其进行改动才更理所应当。
- 审阅并评价这门课的前任教员提供给你的课程大纲、教学笔记、教材和其他指定阅读物、测试题及其他材料。
- 审阅学生的期末考卷以便了解这门课在讲授关键概念方面有哪些强项和缺点。如果能得到的话，可以浏览几年来学生对课程的评价。
- 如果可能，询问转给你课程的这位教员，请他（她）描述在其印象中什么方法好，什么行不通，或者旁听此人的课并记下来你认为什么方面该保留，什么该改变。

确定作何改动　如果你确实决定要改动课程，想好改什么，改到何程度。即使以前教这门课的教员给你提供了他（她）的笔记，你也应该用自己的方式改写它们。这将有助于你掌握材料，并能加入你自己的例子和主动学习的练习。

如果课程内容总体看来令人满意，你可以把精力更多地放在讲授方面。但如果你认为需要引入相当多的新内容或做结构上的重大改变，那么，阅读下面关于设计新课程的章节可能会有帮助。

记住，有必要按照学生的反馈逐步进行改动。

设计一门新课程

设计一门新课程比改编一门现有的课程更加困难和耗时。在开始之前，问问自己为什么要设计一门新课。你系主任是不是让你来填补一个空白？那你能被视为有团队精神的人而赢得友善吗？你有这门课中未体现出来的特殊研究兴趣吗？如果有，你能申请到教育支持经费，让你既能教这门课又能为你的研究实验室购买一台设备，同时也可用于课程的实验部分吗？

多数大型研究院都允许新教员有一两学期时间建立实验室和申请研究经费。

文科院校可能就不给这样的机会。尽量协商减轻至少第一学期的工作量，使你有时间组建课程，以便第二学期的时候教这门课。如果你试图过早做太多事，你可能会难以平衡教学和研究的职责。

你将面临三个严肃的决定：教什么？怎样教？如何保证学生学到所教的内容？理想的条件下，你应该在任课学期之前几个月就开始计划课程，以便你有时间定购教材，要求得到其他资料及准备课程中要分发的材料。然而，即使到最后一分钟你才被派去教一门课，你还是可以利用下列课程计划中的多项方针去应对的。

决定教什么

1. 这门课与系里全部课程中的其他课程有何关联？要确定这一点，你可以提出这些问题：

- 这门课是更高级的课程所要求的预修课吗？如果是，与高级课程的教师沟通，看看他们希望学生掌握什么方面的知识和技能。
- 这是门高级课程吗？如果是，与教其预修课的教师沟通，以便教课之前更好地了解学生们掌握的技能。
- 系里正有重大变动会影响到你教的课程吗？例如，如果你的大学正在考虑新的方法，如淘汰生物学和化学导论课程而代之以跨学科的生命科学课程，你就要记得那样的长远规划。

了解你的课程在整个教学结构中的地位和作用是很重要的，你要与其他教员进行讨论，也许还要开展合作或采取跨学科的方法。

2. 设立课程内容目标。为课程确定三到五个大体目标（例如“理解抗生素耐药性的概念”），即到课程结束时，你希望学生将知道和做到什么。如果你列入了非内容方面的目标（例如“与其他同学协作”），要记住这类目标的实现情况更难评价。

3. 确定课程重要主题。这些原理或基本假设为整个课程内容提供了视角，使之具备逻辑关联性。例如，为期一年的生物学导论课程可能包括三大主题：生命系统的信息和进化，发展和自动动态平衡，能量和资源。

4. 确定主题中的核心概念。尽量平衡具体信息和抽象概念，平衡强调实际解决问题的材料与强调基本理解的材料。

5. 为每一单元或课明确目标。例如，目标可以是：学生能够提出对进化假设的验证或对进化证据的批评性争论。这样明确目标将帮助每一堂课的内容结构有序。

注意 在医学院，你很少有机会开设新课程，因为你需要给学生做准备，参加 USMLE 一级考试。

> 当你计划课程时，不要做过头。我们觉得要教的内容那么多，但当我们灌输太多知识时，学生会觉得每一件事都是已知的了，没有什么有趣的东西留给他们去发现了。
>
> ——Manju Hingorani，卫斯里大学（Wesleyan University）

决定如何教

1. 确定你的课程的大体结构。问自己这样的问题：

- 你想怎样结合运用理论课和作业、实验、研讨会及科学期刊俱乐部？
- 在课程中如何平衡教师的讲授和演示与学生演讲或学生领头的讨论或实验工作？
- 你能融入一些课外活动来促进学习吗？
- 你想要或不得不请其他教员来参与授课吗？

2. 挑选资料。选择教材——用印有单位抬头的信纸与出版商联系索取审阅副本和期刊文章，研究如何使用科技手段促进学习，如动画、视频、模拟和虚拟实验室。要确保教材与你的目标想法一致，做好准备告诉学生如何去最大限度地利用阅读资料。考虑是否有合适的客座演讲者或教员愿意来上几次课。确定是否还需要其他资源，如教学助理、实验室空间和消耗品及图书馆资料，并确定是否具备这些资源。

3. 如果你计划为课程设立网站，就要熟悉你单位的课程管理系统，利用它将各种材料传到网上，如课堂笔记和论坛。详细信息请见“建立课程网站”。

建立课程网站

越来越多的教员使用网上课程管理系统（Course Management Systems，CMS）在线传授整个课程或课程的某些部分。实质上，CMS使教师无需通晓HTML或其他计算机语言就能够在网上发布信息，并且提供了教学、管理课程及评估学生学习进展的一整套工具和框架。这样的网站还可以用来圆满地回答学生提出的问题，然后发布答案让所有其他人看到。要了解使用CMS的方法并最大限度地利用它，请见Craig Ullman和Mitchell Rabinowitz编写的“课程管理系统和教学再发明”，网址为http://thejournal.com/magazine/vault/A5070.cfm。

CMS有商业化的，有针对具体学校的，也有开放来源的（使用开放来源的系统无需预付许可费，但所用软件不一定是免费的）。流行的系统包括由Blackboard（http://www.blackboard.com）、Moodle（http://moodle.org）和the Sakai Project（http://www.sakaiproject.org）开发的系统。

> 要了解可选用的不同CMS，你可以登录到EduTools（http://www.edutools.info/index.jsp?pj=1）。向同事及管理人员了解你校内已有哪些系统可供利用。要浏览大学里Blackboard系统支撑网站的内容，可以登录http://www.utexas.edu/academic/blackboard。

4. 确定如何针对每一个目标评价学生的学习。要根据课程目标做这一工作。你可以使用较传统的小测验、课堂或课后考试、论文、习题集、课堂演讲及完成项目，也可以使用附录1中所描述的那些“主动评价”方法。

5. 将课程分成易于管理的小块。将较大单元分成单个课时段，为每个课时段设定目标、方法和评价方式。为每一堂课安排活动，并制作表格或网格图规划这些内容元素。

6. 查阅校历。看考试日期、节日和其他事件是否会影响到课程安排。尽量避免内容相关的课程被主要假期分隔开。

7. 用下列核查单指导你准备教学大纲。

- 课程名称、学分数、教室地点和上课时间及开此课的学期和学年；
- 你及其他相关教员或教学助理各自的名字和联系方式；
- 课程网址，如果有的话；
- 课程简介和课程总体目标陈述；
- 各目标简述；
- 课程模式描述；
- 评价技术陈述；
- 课程日期和主题的安排表；
- 交论文、考试和完成项目的期限表；
- 学术政策和程序的相关信息，如上课出勤、补作业、迟交作业、小组项目及评分。

判断学生是否确实在学

通过审查学生的表现、与学生非正式地咨询交流、从同行的评价中都能够得到反馈。另外，你还可以非正式地咨询你的教学指导。在教课中，特别是一门新课，定期进行这样的评估可能会很有用。

一旦你教过这门课，你能感觉到是否达到预期目标，你会得到学生和同事的反馈，在这些方面的基础上，你可能会希望对课程进行改进，但别急着立刻就改变或纠正一切。而要逐步作小的调整。

教他人教学

作为实验室的课题组长，你需要指导研究生和博士后研究人员，让他们在实验室工作及未来的奋斗中取得成功。你还要帮助他们获得教学经验，提高他们作教师的技能。

指导教学助理

研究生和博士后时常会对他们的研究项目如此投入以致把教学视为要回避或尽快应付完的事。为了他们自己的职业生涯及他们教的本科生，你需要向他们切实强调教学的价值，并让他们参与一门课程的启动发展过程。先安排一个与所有教学助理进行每周（或频率更高的）会议的时间表。在这些会议中，你可以为未来一周设定教学目标，并让助理们有机会讨论他们面临的问题并得到你的建议。推动他们积极参与的其他方法还有：

鼓励教学助理寻求专业培训

- 鼓励教学助理们充分利用你们院校提供的任何正式培训，包括从短小的指南指导到为期一周的培训项目。
- 邀请其他领域的教员或校外人员来讲述基于案例的学习或他们参与的创新教学项目。

培植“科学”教学

- 如果你正在开设一门新课，安排适当的内容由教学助理来教。要保证给教学助理们提供所有需要的资源（如教材、阅读材料、你的教学笔记）。
- 与教学助理们一起回顾一系列主动学习策略和评估方法，并开动脑筋、集思广益，讨论哪些策略和方法可能取得最好效果。
- 不要期望助教们能得心应手地运用那些他们做学生时从未用过的教学技术。要将助教作为学生，给他们演示主动学习技术。示范几个例子也许只花一个小时，但可能会有明显效果，使你的助教们不再避开这些方法，而愿意去尝试使用。
- 帮助助教们明白教学就是一个试验过程，强调他们不一定非要做完美的教员。科学课教师们即使教学若干年后，还需要不断地尝试并改进他们的课程。

支持教学助理的课堂努力

- 时常去旁听助教们主讲的课，并在课后及时提供有价值的反馈意见，但一定要私下向助教提供这些反馈。
- 在让助教给论文评分之前，给他们传阅一些论文样本，让每一位助教按照事先拟定的规程独立给它们评分。安排一个助教会议，讨论样本的评分情况并解决分歧问题。
- 告诉你的助教们在出现问题的时候来找你，例如，当遇到有明显行为或精神问题的学生或遭遇可能导致诉讼或暴力的情况时。引导你的助教向校内合适的专业人员寻求帮助，或找来专业人员帮他们解决困境。
- 确保向你的助教们简要介绍专业行为准则，例如公平对待学生，替学生保密（例如，不要向其他学生谈论某学生，不要在公共场合谈论学生），避免与学生社交（包括与他们约会及其他情况），在办公室和学生们开会时要开着门，并有他人在场，以保护他们免受身体上的侵害，或防止被误控有不恰当的行为。

提供或建议教学机会

- 允许博士后，或在某些情况下，允许高年级研究生，偶尔做一次讲座。可以让他们给你代一次课，改编你已经上过的课，或就他们的兴趣领域或专长讲一堂课。你要确保讲座对课程有补充作用。针对博士后和研究生的教学方式和讲述内容向他们提出建设性的批评意见。
- 提供其他的教学机会。例如，鼓励你的研究生或博士后到当地的高中去做讲座，或邀请高中生到你的实验室来，让研究生或博士后来回答问题并准备介绍实验室研究情况的演讲。
- 鼓励博士后去做社区学院的兼职教员，教暑期学校的课程，或在你机构的小医学院教一部分课。小医学院是众多院校都设有的一个公共教育项目。
- 安排研究生和博士后指导你们社区公立或私立高中的科学老师。高中教师从你的博士后那更深入地了解了当代科学内容，作为答谢，他们可能会给你的博士后提供一些宝贵的教学技巧，因为他们时常使用主动学习策略。
- 在你的实验室创建一个教育小组，每月或每季度开一次会议，以便博士后和研究生们获得更多机会参与教学。

在实验室里创造学习氛围

毫无疑问，你的实验室也是一个课堂，在这个课堂中，研究过程时常带来一些新的、令人兴奋的或意想不到的结果。在实验室中，也像在课堂上那样，你要避免理论说教及太快告诉学生答案，而要强调问题并鼓励思考。通过使用主动学习策略和鼓励实验室组员们互相学习，你能在实验室里，从博士后到研究生，营造出一种学习的文化。尽量不回绝任何人向你提问题，即使你正在做实验。这里还提供了其他一些鼓励实验室里主动学习的主意：

成立一个科学期刊俱乐部　查阅当今文献并让学生知道还有很多问题未找到答案，这是一个非常好的方法。请一位博士后或研究生挑选一篇同行评议的期刊发表的原创论文，事先分发给组里，准备一份论文的简介，并提供所有相关或背景信息。如果你的研究组很大，实验室成员可以分成更小的组来讨论与研究相关的问题（数据够好吗？应该做更多的实验吗？），然后重新聚集起来，将他们的想法与全研究组的人分享交流。在你的学生学习实验设计及其他研究事项时，他们也同时学习如何与人合作和交流。理想情况下，科学期刊俱乐部应该每周活动一次，但如果办不到的话，还有一种好办法让每个人都关注当前文献，就是在每周的研究组会议开始，请每个研究组成员至少简要介绍一篇论文的摘要。

成立一个每月电影俱乐部　带来爆米花，邀请实验室组员看一场科学主题的电影，如1987年的电影《奔向双螺旋》(*The Race for the Double Helix*)，描述了导致1953年发现DNA分子结构的几个事件。提出问题，激发对一系列科学事项的思考。更多与电影有关的办法，详见NIH的“电影中的科学”网站http://science.education.nih.gov/cinema，或登录到NIH网站上的历史影像集栏目，该影像集由国立医学图书馆管理，网址http://www.nlm.nih.gov/hmd/collections/films。在第五章“指导与被指导”中可以找到更多关于在实验室中创建教学文化的建议。

> 当学生拿着研究结果来找你，让他们自己先解释数据，之后你再告诉他们这些数据的意义。然后你可以点头赞许地说：“好，也许是，或者你是否想过……?”为了他们自己的专业发展，在实验上付出艰苦努力的学生们应该有，也需要有机会解释和交流他们的数据。
>
> ——Thomas Cech，HHMI

职业方面的考虑

维持研究、教学和服务三方面的平衡不太容易，需要具备本书其他章节中所述的时间管理技能。在研究型大学里，大多数终身职位一般更看重研究和发表论文，教学次之。然而，这种情况正在改变，越来越多的院校在做晋升和终身职位评审决定时开始接受学者教师这一概念。

然而实际上，特别是在获得终身职位之前的几年工作中，你会希望花最少的时间进行有成效的教学，但获得最大限度的认可。

时间管理

你在开发一门课程或教这门课上所花时间的多少取决于你单位对教学的重视程度。如果单位将研究放在最重要的位置，要记住，虽然你想在允许的时间内尽可能教得最好，但不能让你的教学义务削减你的研究职责。主动提出教一些系里特别需要的但不那么难教的课程，那样当被请去教一门要花更多时间准备或讲授的课程时，你可以正当地说，“对不起，我已经有教课安排了”。例如，你可以选择教一门你研究领域里的研究生课程或讲座，或将你研究中的问题简化一下，成为一门本科生课程的一项研究项目。你还可以教一门没有实验课的课程或一门学生较少的课程。无论你教什么课，下面的技巧都有助于你最有效地利用时间。

借用、改编及重复使用

- 数次教同样的课程，这样你只需做些调整而不是每年从头准备新课。

- 去教一门他人教过的课，且此人愿意借给你他（她）的笔记、考试和作业的复印件。
- 借用或改编现有的高质量的课程材料。例如，麻省理工学院（MIT）正在逐步通过其开放课程库倡议（OpenCourseWare Initiative），在 http://ocw.mit.edu 上发布其所有近 2000 门课程的基本教学材料。目前已发布了 900 多门课，如实验生物学等。这些材料包括教学笔记、教学大纲、习题集及试卷，你可以用来准备你自己的课程。

认识你自己

- 考虑你个人的节奏。选择不会打乱你一整天的课程。例如，你可以教两门连在一起的课程或安排数天没有课，以便有时间做你的研究。
- 将课程准备限定在切合实际的时间范围内，不去当完美主义者。

问：在协商教员职位的任职条款时，我就要求减轻教学工作量，这可能吗？

答：当然可能，不过，与主要强调教学的文科院校相比，大学更注重研究产出率，因而在大学里更有机会协商减轻教学工作量。然而，即便在研究型大学里，做到这一点也不容易。新教员可能被允许有一些自由时间写基金申请，特别是在决定录用不久新教员就很快上任的情况下。如果你在商谈职责时成功地减轻了教学工作量，得到这一结果的书面确认十分重要。协商讲授具体课程比减少课程相对容易些。

即使你不能减少课时数，你也许可以集中教学，在一个学期里教完所有的课，并且尽力有一个学期不教课。为减少准备时间，你也可以要求教同一课程的多个学时段，并请研究生助理协助考试评分。至少，你要尽力明确你的教学工作量：你每个学期教多少课？每个课程一般有多少个学生？在指导学生和毕业论文上你将要花多少时间？指导本科生的研究可以视为教学吗？教一门课程的实验部分可为你增加多少业绩？搞清楚这些，你才能权衡取舍，帮助你有效管理你的教学工作量。

教学档案

要确保你的教学成就在你的终身职位评审中得到肯定而被加以考虑。要做到这一点，一个方法就是建立教学档案。这一文件不仅是你职业上的，也是你自己专业上发展的重要资产。汇编你的教学档案将迫使你思考你的教学情况，不断分析和持续改进。汇编教学档案的方法有很多，要包括的项目也很多，通常包括你对教学理念的个人陈述，你教学的例证和支持材料。不像你的个人学术简历（CV）要列出你所有发表的论文那样，教学档案更具选择性，与一个艺术家的作品选集更有可比性——是你的工作的广度和深度的一个样本（见第 199 页“教学档案样本”）。

看起来做一个好教师要付出很多而收获甚少，但是要记住，你的研究和教学生涯是紧密相连、相互影响的。花时间和精力学习成为一个有成效的教师是值得的。你将不仅为启蒙和教育新一代科学家做出贡献，同时也能提升你自己的技能、信心和创造力。还要记住，教学在你的生活中会成为一种稳定的力量，特别是当你的研究不尽如人意，或者是你在实验室中的地位下降时。你付出时间准备课程，运用主动学习活动使之卓有成效，当你的学生在测验中显示出他们学到的知识，或者告诉你他们第一次真正地明白了 DNA 的结构和功能时，会给你带来极大的个人成就感。同时，教学还是评定终身职位及某些基金申请的三项决定性因素之一，你教学及课程设计方面的成就只会使你更有机会拥有一个长远、高效、有充足经费支持的学术生涯。

教学档案样本

教学档案包括这些项目：

- **个人材料**　一段你教学理念的简短陈述；一段更广泛的陈述，包括教学责任，代表性课程的教学大纲，以及用于提高你教学技能或丰富背景知识的举措。
- **其他材料**　现在和过去的学生和课程的评价数据，其他旁听你课的同事的评价，你指导的助教的陈述，及你在教学上获得的荣誉或其他认可。
- **教学产出**　学生在班级、系里及全国资格考试中的成绩、学生作业的样本、校友或以前学生的雇主的赞辞。

虽然乍看起来，清单太长了，要花几年的时间才能收集完，但如果你按部就班，还是可行的。最重要的是，要着手开始收集和整理与你的教学理念和成就相关的数据材料，并将这些材料编汇入一个盒子，一个活页笔记本，或其他易于更新和补充的物件中。(关于教学档案的详细介绍，请上网阅读布朗大学 Harriet W. Sheridan 中心 Hannelore B. Rodriquez-Farrar 所作的“教学档案”，网址为 http://www.brown.edu/Administration/Sheridan_Center/publications/teacport.html，或阅读得克萨斯大学奥斯汀校区的卓越教学中心的“教学档案制备指南”，网址为 http://www.utexas.edu/academic/cte/teachfolio.html。)

参考资料

书籍

Brinkley, Alan, et al. *The Chicago Handbook for Teachers: A Practical Guide to the College*

Classroom. Chicago, IL: University of Chicago Press, 1999.

Handelsman, Jo, Sarah Miller Lauffer, and Christine Pfund. *Scientific Teaching: A Guide to Transforming Undergraduate Biology Education*. Greenwood Village, CO: Roberts and Company Publishers, in press.

McKeachie, Wilbert J., et al. *McKeachie's Teaching Tips: Strategies, Research, and Theory for College and University Teachers*. 11th ed. Boston, MA: Houghton Mifflin, 2002.

National Academy of Sciences. *Bio 2010: Transforming Undergraduate Education for Future Research Biologists*. Washington, DC: The National Academies Press, 2003, *http://www.nap.edu/books/0309085357/html.*

National Academy of Sciences. *Knowing What Students Know: The Science and Design of Educational Assessment*. Washington, DC: The National Academies Press, 2001, *http://www,nap.edu/books/0309072727/html.*

Reis, Richard M. *Tomorrow's Professor: Preparing for Academic Careers in Science and Engineering*. Piscataway, NJ: IEEE Press, 1997.

Uno, Gordon E. *Handbook on Teaching Undergraduate Science Courses: A Survival Training Manual*. Stamford, CT: Thompson Custom Publishing, 1997, *http://www.ou.edu/cas/botany-micro/faculty/uno-book.shtml.*

科学教育资料

登录 http://www.hhmi.org/resources/educators/index.html 查寻由 HHMI 员工及资助者制作的动画、课程及其他资源的链接。

文章和网站

主动学习

Drummond, Tom. "A Brief Summary of the Best Practices in Teaching." *http://northonline.sccd.ctc.edu/eceprog/bestprac.htm.*

Felder, Richard. Resources in Science and Engineering. Articles and papers on active and cooperative learning by Richard Felder, professor emeritus at North Carolina State University and codirector of the National Effective Teaching Institute, *http://www.ncsu.edu/felder-public/.*

Ommundsen, Peter. "Biology Case Studies in Multiple-choice Questions." *http://www.saltspring.com/capewest/mc.htm.*

Ommundsen, Peter. "Biology Teaching: Three Measures of Success." *http://www.saltspring.com/capewest/bt.htm.*

The Active Learning Site. A comprehensive bibliography of articles about active learning, *http://www.active-learning-site.com/bib1.htm.*

University of Minnesota Center for Teaching and Learning Services. General guidelines for paired activities, *http://www1.umn.edu/ohr/teachlearn/guides/active.html.*

University of Minnesota Center for Teaching and Learning Services. Online tutorial on active learning with PowerPoint, *http://www1.umn.edu/ohr/teachlearn/workshops/powerp.*

教学艺术

Curran-Everett, Douglas. "Learning How to Teach: How to Do It and Why You Want To." ScienceCareers.org, *http://sciencecareers.sciencemag.org/career_development/previous_issues/articles/0280/learning_how_to_teach_how_to_do_it_and_why_you_want_to/(parent)/158.*

Kuther, Tara. "Teaching 101: Getting By." ScienceCareers.org, *http://sciencecareers.sciencemag.org/career_development/previous_issues/articles/2240/teaching_101.*

Reis, Richard M. "How to Get All-Important Teaching Experience." *Chronicle of Higher Education's* Career Network, *http://chronicle.com/jobs/2000/07/2000072102c.htm.*

评价、考试及教育研究

American Association for the Advancement of Science. "Invention and Impact: Building Excellence in Undergraduate Science, Technology, Engineering and Mathematics Education." *http://www.aaas.org/publications/books_reports/CCLI.*

Davis, Barbara Gross. *Tools for Teaching*. San Francisco, CA: Jossey-Bass,

1993."Quizzes, Tests and Exams" chapter, *http://teaching.berkeley.edu/bgd/quizzes.html*.

University of Wisconsin-Madison."Classroom 'Clickers' Catching on as Instant Assessment Tool." *http://www.news.wisc.edu/11142.html*.

University of Wisconsin Teaching Academy. Short course, "Exam Question Types and Student Competencies." *wiscinfo.doit.wisc.edu/teaching-academy/Assistance/course/questions.htm*.

生物技术

National Center for Biotechnology Information."NCBI Handbook," guide to a multitude of databases, literature, and other resources, *http://www.ncbi.nlm.nih.gov/books/bv.fcgi?call=bv.View..ShowTOC&rid=handbook.TOC&depth=2*.

National Center for Biotechnology Information. Online Mendelian Inheritance in Man. Database is a catalog of human genes and genetic disorders containing textual information and references as well as links to MEDLINE, sequence records in the Entrez system, and additional related resources, *http://www.ncbi.nlm.nih.gov/entrez/query.fcgi?db=OMIM*.

National Center for Biotechnology Information. Resource for molecular biology information. It creates public databases, conducts research in computational biology, develops software tools for analyzing genome data, and disseminates biomedical information, *http://www.ncbi.nlm.nih.gov/*.

National Institutes of Health. GenBank. NIH genetic sequence database, an annotated collection of all publicly available DNA sequences, *http://www.ncbi.nlm.nih.gov/Genbank/index.htm*.

文科院校和研究机构比较

Astin, Alexander W."How the Liberal Arts College Affects Students."CollegeNews.org, *http://www.collegenews.org/prebuilt/daedalus/astin_article.pdf*.

Cech, Thomas R."Science at Liberal Arts Colleges: A Better Education?"CollegeNews.org, *http://www.collegenews.org/prebuilt/daedalus/cech_article.pdf*.

Wright, Dorothy. "Teaching Science at Liberal Arts Institutions." *Science and Technology* (*January* 2005), *http://www.brynmawr.edu/sandt/2005_january/*.

课程设计

Chung, Stephen. "Transition to Academia III: Designing a New Course." ScienceCareers.org, *http://sciencecareers.sciencemag.org/career_development/previous_issues/articles/1050/transition_to_academia_iii_designing_a_new_course*.

Davis, Barbara Gross. "Preparing and Revising a Course." *Tools for Teaching*. San Francisco, CA: Jossey-Bass, 1993. *http://teaching.berkeley.edu/bgd/prepare.html*.

Smith, Ann C., Richard Stewart, Patricia Shields, Jennifer Hayes-Klosteridis, Paulette Robinson, and Robert Yuan. "Introductory Biology Courses: A Framework to Support Active Learning in Large Enrollment Introductory Science Courses." *Cell Biology Education* 4:143, 2005.

课程管理系统/课程网站

EduTools. Web-based tools for evaluating electronic learning products and policies, *http://www.edutools.info*.

Ullman, Craig, and Mitchell Rabinowitz. "Course Management Systems and the Reinvention of Instruction." *http://thejournal.com/magazine/vault/A5070.cfm*.

University of Texas. Support site for Blackboard's course management system, *http://www.utexas.edu/academic/blackboard*.

van de Pol, Jeff. "A Look at Course Management Systems." *http://ittimes.ucdavis.edu/june2001/cms.html*.

研究生和博士后授课

Gabriel, Jerry. "Educating Postdocs About the Other Part of Their Future Faculty Jobs." ScienceCareers.org, *http://sciencecareers.sciencemag.org/career_development/previous_issues/articles/1120/educating_postdocs_about_the_other_part_of_their_future_faculty_jobs/(parent)/158*.

探索式实验

Howard, David R., and Jennifer A. Miskowski. "Using a Module-Based Lab to Incorporate Inquiry into a Large Cell Biology Course." *Cell Biology Education* 4:249, 2005.

教案准备和讲授

Davis, Barbara Gross. "Preparing to Teach the Large Lecture Course." *Tools for Teaching*. San Francisco, CA: Jossey-Bass, 1993. *http://teaching.berkeley.edu.bgd/largelecture.html*.

Felder, Richard M. "Beating the Numbers Game: Effective Teaching in Large Classes." *Resources in Science and Engineering*. *http://www.ncsu.edu/felder-public/Papers/Largeclasses.htm*.

University of Minnesota Center for Teaching and Learning Services. "Suggestions for Effective Lecture Preparation and Delivery." *http://www1.umn.edu/ohr/teachlearn/guides/lecture1.html*.

多媒体资料

American Society for Microbiology. MicrobeLibrary, *http://www.microbelibrary.org/*.

BioQUEST Curriculum Consortium. *http://bioquest.org*.

Handelsman, Jo, et al., "Scientific Teaching." *Science* 304: 521-522, 2004.

DNA Interactive. *http://www.dnai.org*.

Howard Hughes Medical Institute. Biointeractive. Virtual labs, animations, and other resources. *http://www.biointeractive.org*.

MERLOT (Multimedia Educational Resource for Learning and Online Teaching). Awards program for exemplary online learning resources, *http://www.merlot.org*.

National Science Digital Library. A free online resource for education and research in science, technology, mathematics, and engineering, *http://nsdl.org/resources_*

for/university_faculty/index.php.

协商减轻教学工作量

Chung, Stephen. "Transition to Academia: Negotiating Your Way to Teaching Sanity." ScienceCareers.org, *http://sciencecareers.sciencemag.org/career_development/previous_issues/articles/0980/transition_to_academia_negotiating_your_way_to_teaching_sanity/(parent)/158.*

Reis, Richard M. "The Right Start-Up Package for Beginning Science Professors." *Chronicle of Higher Education's* Career Network, *http://chronicle.com/jobs/99/08/99082702c.htm.*

同行评议项目和观点

University of Medicine and Dentistry of New Jersey's Center for Teaching Excellence. Annotated links, *http://cte.umdnj.edu/career_development/career_peer_review.cfm.*

基于问题和案例的学习

University of Delaware. Problem-based learning, *http://www.udel.edu/pbl/.*

National Center for Case Study *Teaching in Science. http://ublib.buffalo.edu/libraries/projects/cases/case.html.*

教学和学习中心

Comprehensive list, *http://www.hofstra.edu/faculty/CTSE/cte.links.cfm.*

教学档案

Chung, Stephen. "Transition to Academia II: The Teaching Portfolio." ScienceCareers.org, *http://sciencecareers.sciencemag.org/career_development/previous_issues/articles/0980/transition_to_academia_ii_the_teaching_portfolio/(parent)/158.*

Wright, Robin. "The Art of Teaching, Session 2: Using Portfolios to Improve and Evaluate Teaching," ScienceCareers.org, *http://sciencecareers.sciencemag.org/career_development/previous_issues/articles/0980/the_art_of_teaching_session_2_using_portfolios_to_improve_and_evaluate_teaching.*

University of Texas at Austin Center for Teaching Effectiveness. "Preparing a

Teaching Portfolio, A Guidebook." *http://www.utexas.edu/academic/cte/teachfolio.html.*

Rodriquez-Farrar, Hannelore B. "The Teaching Portfolio," Harriet W. Sheridan Center for Teaching and Learning, Brown University, *http://www.brown.edu/Administration/Sheridan_Center/publications/teacport.html.*

University of Minnesota Center for Teaching and Learning Services. "Document Your Teaching." *http://www1.umn.edu/ohr/teachlearn/guides/docteach.html.*

附录1　教授大课时主动评价的范例

主动评价的目的在于为教员和学生双方提供学习反馈。教员可以选择给学生在评价中的表现评出分数，同时，这些评价还有助于为正在讲授的主题提供更多背景，激励学生参与学习，对自己的学习负责，并给他们机会进行批判性思考。很多主动评价在学生们结对或组成三至五人小组一起工作时，效果最佳；而另一些评价以单独活动效果最好。另外，主动评价能帮助教员确定什么最适于自己的教学方式。

开动脑筋，集思广益　这也许是将主动学习融入大课教学的最快最简单的方法，让学生们迅速估计出自己已掌握了什么，还未了解什么。

*例：植物需要什么才能存活？*这一活动用于任何生物体效果都很好，使学生们对已掌握的知识有更深入的理解。如果学生们开始列出单个的矿物质及其他组分，那这一清单就会不断加长。但不论他们想出什么加到这个集思广益的清单里，都可被分成两类。例如，非生命与生命因子或环境与遗传要求。然后这些分类可用作下一堂课或实验室练习的基础。

前/后测验　前/后测验是另一种帮助学生评估自己所学知识的简单方法。如果他们的答案前后没有变化，就提示讲课者在学习、讲授或评价中有疏漏。

*例：描述细菌危害植物的两种方式。*让学生们在课堂中写下答案，然后在讲课结束后，让他们再次写下答案（后测验）。让学生们比较他们的两个答案。

思考-结对-分享　思考-结对-分享活动对鼓励小组学习很有效。学生们单独回答问题，然后邻近的学生互相交换答案，讨论谁的答案最合理。大约35分钟后，让部分小组汇报他们的结论。还有个步骤可以加到活动中，即把试验结果包括在内。比较学生讨论前后的答案很有帮助。使用电子听众反应系统或遥控互动教学系统进行这一活动效果很好。

例：试验设计三套对小萝卜种子的处理方案：

（1）光照，不浇水；

（2）光照，浇水；

（3）无光照，浇水。

三天后哪种处理的植物的干重最低？

首先，学生们用一两分钟时间单独回答问题。然后，小组内互通答案并讨论达成一致意见。经过三五分钟这样的讨论后，学生们再次回答问题。最后，展示实验的实际结果：处理3的生物量最低。

重要的是，学生们要与小组成员讨论实验结果，只有他们理解了在植物细胞内不仅有光合作用，还要进行呼吸，才能自己想明白哪个结果是正确合理的。（这一例子源自Ebert-May等人2003年的文章，经允许在此使用。）

一分钟论文　一分钟论文方法能非常好地捕捉学生的思维。例如，在课堂最后使用该方法时，教员可以让学生们列出课上所学的三项最重要的知识，以便了解学生们学到了什么。在讲课一开始使用时，教员能了解到，对于过去课上或阅读作业中所学的知识，学生们还能掌握多少。

例：在一堂关于DNA结构的课后，让学生们阅读教材章节所附的网上有关DNA结构的信息（http://www.dnai.org/a/index.html）。下一次课开始，要求学生写一篇关于DNA复制的一分钟论文：DNA结构怎样暗示DNA的复制机制？

预测-观察-解释 预见-观察-解释活动是一项简化的科研方法，学生首先在假说的基础上预测，然后观察结果，最后解释预测和观察之间有何相关性。在这一活动中，学生们能认识到他们对细菌生长的哪些方面还不理解。

例：微生物无处不在。用你的手指触摸琼脂培养基，预测一周以后，你会观察到什么。一周以后，观察培养基上生长的东西，叙述观察结果是否支持你的假设和与预测一致，并解释原因。

另外，教员也可以提供某试验的数据，由学生来解释。

概念图 概念图可以成为学生评价自己所学知识的强有力工具，因为他们需要为复杂的概念创造视觉标识和文字解释。

例：通过按逻辑顺序排列以下名词来解释它们之间的相互关系：蛋白质、tRNA、DNA、转录、氨基酸、翻译、复制、基因表达、启动子、核苷酸。

这一陈述错在哪里？ 最有效的学习工具之一就是让学生们解释为什么某个陈述不正确。

例：我不想在我的食物里吃到任何病毒或细菌，所以我不会吃转基因植物。

案例 案例让学生们有机会在实际环境背景下充分探索很多概念。

例：一个病人眼睛痒、分泌物多，他去看医生。医生诊断病症为结膜炎并开了抗生素。几天后病症消失。两星期后病症复发。病人打电话给医生，医生建议再次使用抗生素。病人用热水洗了床单，不停的洗手，用肥皂和水清洗他的键盘，用漂白剂清洗他过去用来洗脸的毛巾。两星期后病症再次复发。病人打电话给医生，医生还是建议使用抗生素。

（1）写出三个假设解释为什么感染复发。

（2）病人应该怎么办？他应该听医生的建议吗？提出一些假设，并用生物学原理支持你的建议。

来源：Handelsman, Jo, Sarah Miller Lauffer, and Christine Pfund. *Scientific Teaching: A Guide to Transforming Undergraduate Biology Education*, Greenwood Village, CO: Roberts and Company Publishers, in press.

附录2 布卢姆分类

布卢姆（Bloom）分类是划分和测试认知能力的一种众所周知的方法。由教育心理学家本杰明·布卢姆（Benjamin Bloom）及四位同事提出。该分类系统的前提是：学生投入到各种特点鲜明的行为中，这些行为对学习过程至关重要。布卢姆分类将行为方式分成六类，从知识到评价，复杂程度逐渐递增。

知识 知识题要求学生识别或回忆具体或抽象的信息，如概念、日期、定义、事件、事实、公式、观点、术语、人员及地点。典型的出题词汇包括，选择、定义、找出、识别、标明、列出、匹配、命名、回忆、选择、显示、陈述、翻译、对/错、谁、什么、哪里、何时、为什么及哪个。

例：下列事件中哪件不会在减数分裂的第一次分裂中发生？

1. DNA复制
2. 同源染色体配对
3. 形成互补的单倍体染色体
4. 交叉
5. 染色分体分离

理解 理解题让学生展示他们对事物的理解能力。典型的出题词汇包括安排、分类、比较、计算、对照、演示、描述、讨论、区分、解释、推测、分组、诠释、阐述、排序、列提纲、意释、举例、关联、改述、显示、总结及翻译。

例：从细胞向外输送的蛋白质在分泌之前一般是如何被修饰的？

应用 应用题要求学生运用抽象概括（例如，主意、概念、分类、演示、试验、怎样、翻译、运用、组织、关联、解决、利用）来解释具体情形或解决问题。

例：根据你对病毒生命循环的了解，预测抗病毒药物将对病毒产生怎样的作用？

分析 分析题要求学生通过将整体分成可识别的部分，以便明确各部分之间的组织结构、模式及关系。典型的出题词汇包括分析（如：一个案例学习）、分类、分等、比较、对照、区别、发现、解剖、辨别、划分、检查、审视、识别、关联、区分、解决、调查及测验。

例：RNA与DNA病毒的复制过程有什么区别？

综合 综合题要求学生认识部分之间的关系，通过将各组成部分组织结合，创建一个新的整体。典型的出题词汇包括建立、结合、汇聚、组成、创造、建设、设计、发展、估计、用公式表示、想象、改进、发明、改变、排序、预测、建议、重建、解决、总结及推理。

例：提出一种利用病毒治疗人类疾病的方法。

评价 评价题挑战学生利用某种标准评价某个概念（如：观点、解决方法、工作、理论）符合、有效或成立的程度。典型的出题词汇包括评价、估定、选择、得出结论、批评、决定、辩驳、估计、评估、判断、论证、衡量、意见、定优次、证明、评分、推荐、挑选及支持。

例：生物的分类应该以他们的遗传相似性还是形态/生理为基础？你所作选择的理由是什么？

来源：Allen，Deborah，and Kimberley Tanner．*Cell Biology Education* 1：63（Fall 2002）；adapted from Bloom，Benjamin S.，ed．*Taxonomy of Educational Objectives*：*Handbook l*，Cognitive Domain．New York，NY：McKay，1956．

索　引